CAROLIN HOFFMANN

Die Macht der Körpersprache

MIT HUNDEN POSITIV KOMMUNIZIEREN

KOSMOS

Für Tom ...

Inhalt

4 Dein Körper sagt mehr, als du glaubst

6 DIE MACHT DER KÖRPERSPRACHE

7 Vertrauen erzeugen oder Angst verbreiten

12 Emotionen auslösen, Verhalten verändern

16 DIE GEOMETRIE DER KÖRPERSPRACHE

17 Regeln und Besonderheiten

23 Männer und Frauen

26 Kinder, ältere Semester, Menschen mit Behinderungen

28 Plädoyer für „nach hinten/unten“

34 Der Schlüssel zum Erfolg: Verhalten verstärken

36 KÖRPERSPRACHE IM TRAINING

37 Zeichen und Signale

48 Sitz und Platz

54 Stitz-Bleib

59 Fußgehen und Leinenführigkeit

64 Rückruf

70 Pfötchen, Schäm dich & Co. – Tricks

72 Geschirr und Leine

76 Gewusst wie: Richtig belohnen

88 Superwaffe verbale Ankündigungen

92 KÖRPERSPRACHE IM ALLTAG

93 Körperkontakt

98 Annäherung an den Hund

102 Mimik und Gestik

104 Dynamik und Erregung

118 KÖRPERSPRACHE BEIM HUND

119 Wichtige Basics

120 SPEZIAL Ausdrucksverhalten von Hunden

126 SERVICE

127 Links und Literatur

128 Impressum

Verstehst du mich? Nicht immer gelingt es unseren Hunden, unsere Signale richtig zu interpretieren.

DEIN KÖRPER SAGT MEHR, ALS DU GLAUBST

Hast du dich schon einmal gefragt, warum dein Hund nicht macht, was du gerne von ihm möchtest, obwohl du es ihm (mehrfach) gesagt bzw. gezeigt hast? Und welche Rückschlüsse hast du daraus gezogen? Zum Beispiel so was wie: „Der will jetzt nicht"? Oder „Der kann jetzt nicht"? Oder vielleicht „Der will mir zeigen, dass er der Chef ist"? „Der ist jetzt stur"? Ja, so was höre ich häufig von meinen Kundinnen und Kunden zu Beginn unseres gemeinsamen Trainingswegs.

URSACHEN

Doch hast du vielleicht auch schon mal darüber nachgedacht, dass sein unkooperatives Verhalten etwas mit deiner Körpersprache zu tun haben könnte? Dass zum Beispiel deine „genuschelten" Gesten eine Menge Interpretationen zulassen? Dass du ein Signal auf fünf unterschiedliche Arten und Weisen zeigst, sodass dein Hund jedes Mal überlegen muss, was du eigentlich von ihm willst? Dass du deine Signale möglicherweise bedrohlich einsetzt oder körpersprachlich so „schreist" wie ein Mensch, der jeden geschriebenen Satz mit einem Ausrufezeichen beendet? Oder dass du zu unentschlossen agierst, weil du selbst gar nicht genau weißt, was du willst, sodass dein Hund einfach aufgibt und resigniert schnüffeln geht oder frustriert an dir hochspringt?

DREH AM RÄDCHEN

Schaue ich als Trainerin von außen auf die Körpersprache meiner Kundinnen und Kunden, sehe ich meist sofort, woran es hapert. Manchmal reicht nur eine Minikorrektur in Gestik, Mimik oder Haltung – und plötzlich macht der Hund genau das, was der Mensch sich von ihm wünscht. Weil er nun versteht und sich motiviert statt bedroht oder frustriert fühlt.
Unsere Körpersprache ist das wichtigste Element zur Kommunikation im Umgang mit dem Hund, viel wichtiger noch als jedes Wortsignal, denn Körpersprache ist immer da und sehr viel unmittelbarer.

DAS BUCH

In diesem Buch lernst du, deine Körpersprache zu reflektieren. Du wirst erkennen, wie menschliches Ausdrucksverhalten auf Hunde wirkt, wo wir ähnlich ticken und wo ganz und gar diametral. Du wirst wahrnehmen lernen, wo die Fallstricke lauern, welche typischen Fehler wir alle immer wieder machen, welche Auswirkungen sie haben und wie wir diese Fehler sehr einfach vermeiden können. Sobald du an ein paar kleinen oder großen Schrauben drehst, wirst du feststellen, dass dein Hund plötzlich völlig unstur und unchefmäßig kooperiert und genau das macht, was du vielleicht gar nicht willst, ihm aber kommuniziert hast.

NUTZE DEINEN KÖRPER BEWUSST

Das Buch leitet dich an, deine bisher vielleicht eher unbewusst eingesetzte Körpersprache – falls nötig – anzupassen, um sie bewusst anzuwenden. Du lernst ein Handwerk kennen, das einfach zu verstehen, manchmal aber nicht ganz einfach umzusetzen ist, da wir jahrelang praktizierte Automatismen umprogrammieren und neue erlernen müssen. Du wirst mit Hilfe des Buches dein Ausdrucksverhalten sehr bewusst einsetzen, bis es irgendwann zum selbstverständlichen Instrument deiner präzisen, konsequenten und einladenden Kommunikation geworden ist.

Ich wünsche dir ganz viel Spaß dabei!
Herzliche Grüße
Carolin

Alles entscheidend: deine Körpersprache

Viel Spaß beim Lesen!

DIE MACHT DER KÖRPERSPRACHE

VERTRAUEN ERZEUGEN ODER ANGST VERBREITEN

Körpersprache heißt nicht umsonst „Sprache“, denn sie dient der Kommunikation. Wer etwas mitteilen möchte, muss sich in irgendeiner Art ausdrücken, meist geschieht dies über Bewegung. Ob mit Händen und Füßen, mit dem Mund oder den Augen, durch Statik und Dynamik oder gleich mit allem zusammen: Die menschlichen Möglichkeiten sind vielfältig und komplex.

EMOTIONEN

Wenn wir kommunizieren, können wir sachlich und neutral Informationen an unser Gegenüber senden. Ebenso übermitteln wir über unsere Körpersprache auch unsere Emotionen. An der Haltung, Gestik und Mimik kann das geschulte, soziale Gegenüber erkennen, ob wir fröhlich oder traurig sind, ob wir uns entschlossen oder unsicher fühlen, ob wir friedlich oder streitlustig gestimmt sind.
Schriftliche Kommunikation ist nicht zuletzt deshalb so fehleranfällig und lädt zu Missverständnissen ein, weil unserem Gegenüber eine der wichtigsten Informationsquellen fehlt: unser Ausdrucksverhalten. Deshalb wurden Emoticons erfunden: Smileys können dem Empfänger helfen, die interpretationsfreudige Schriftsprache emotional besser einzuordnen.

Ziemlich beste Freunde – mit freundlicher Körpersprache kein Problem.

Ein freundlicher Gesichtsausdruck wirkt deeskalierend und einladend.

Ein grimmiger Gesichtsausdruck signalisiert: Bleib auf Distanz.

NÄHE UND DISTANZ SCHAFFEN

Die Körpersprache ist ein sehr mächtiges Instrument, mit dem wir unser Gegenüber beeinflussen, sogar manipulieren und zu einer Reaktion motivieren können. Das kann positiv wie auch negativ sein. Ohne große Anstrengung kann ich mit meinem Ausdrucksverhalten einladend oder ausladend wirken. Ich kann sagen: „Ich mag dich", oder: „Ich kann dich nicht leiden". Über Gestik und Mimik kann ich Freude und Vertrauen erzeugen oder Furcht und Angst verbreiten. Manchmal reicht schon eine hochgezogene Augenbraue, um das Selbstbewusstsein des Gegenübers zusammenfallen zu lassen, oder ein zuckender Mundwinkel, um Hoffnung und gute Stimmung zu erzeugen.

Über Nähe und Distanz können wir Emotionen und Verhalten steuern. Halten wir Abstand zu jemandem, signalisieren wir damit vielleicht Respekt, vielleicht Misstrauen, Angst oder einfach nur Höflichkeit. Rücken wir jemandem auf die Pelle, dann drückt das vielleicht Sympathie und emotionale Nähe aus. Vielleicht möchten wir den anderen aber auch nur einschüchtern, indem wir seine Individualdistanz ignorieren. Unsere Körpersprache wirkt also häufig auf der emotionalen Ebene - natürlich auch bei Hunden!

Wer sich groß und breit macht, wirkt entschlossen oder sogar bedrohlich.

Sich klein machen ist eine freundliche Geste.

Die Individualdistanz zu unterschreiten …

… kann Sympathie ausdrücken oder einschüchtern.

KÖRPERSPRACHE MENSCH–MENSCH

Wir haben die menschliche Körpersprache mit der Muttermilch aufgesogen. Wir hatten viele Jahre Zeit, die gesamte Palette an Körpersprachsignalen zu erlernen, um in unserer Gesellschaft gut durchzukommen.

Es gibt natürlich auch angeborene Verhaltensweisen. So besitzen zum Beispiel alle Menschen auf der Welt die genetisch angelegte Fähigkeit, Fröhlichkeit oder Traurigkeit über Lachen oder Weinen auszudrücken. Wir beherrschen also die gesamte Klaviatur der menschlichen Körpersprache wie kein anderer. Na ja, meistens jedenfalls.

Distanz kann Respekt signalisieren, aber auch Misstrauen.

Die Körpersprache von Mensch und Hund ist oft bedeutungsgleich. Oft aber auch nicht. Und das macht die Sache für uns nicht so einfach.

KÖRPERSPRACHE MENSCH–HUND

Kommen wir nun mit einem Hund zusammen, dem wir sagen wollen, was er tun soll, oder dem wir einfach zeigen wollen, dass wir ihn mögen (oder auch nicht), wenden wir automatisch die Sprache an, die wir so virtuos beherrschen. Und in vielerlei Hinsicht fahren wir gut damit. Denn erstaunlicherweise gibt es viele Übereinstimmungen in der Körpersprache der Menschen und der der Hunde. Zudem haben unsere klugen Hunde durch Tausende von Jahren der Domestikation und Anpassung an den Menschen gelernt, viele unserer Körpersprachsignale korrekt zu interpretieren und damit besser durchs Leben zu kommen. Ein wichtiger Selektionsvorteil für Haushunde.

MISSVERSTÄNDNISSE

Doch gibt es eben auch gewaltige Unterschiede. Und da wir uns dieser Unterschiede meistens nicht bewusst sind, entstehen Kommunikationsfehler und Missverständnisse. Wir meinen es vielleicht nicht so, doch häufig senden wir verwirrende, uneindeutige und sogar offensive, unhöfliche Signale. Unsere Virtuosität hat in der Mensch-Hund-Kommunikation ihre Grenzen. So wie wir zum Beispiel in Asien auch nicht mit den körpersprachlichen Gepflogenheiten der sehr unterschiedlichen asiatischen Gesellschaften vertraut sind und diese erst erlernen müssen, wenn wir uns als höflich und respektvoll erweisen möchten, müssen wir uns ebenfalls mit der Mensch-Hund-Kommunikation vertraut machen, wenn wir uns erfolgreich und fair mitteilen wollen.

EMOTIONEN AUSLÖSEN, VERHALTEN VERÄNDERN

Unsere Hunde sind für Körpersprache sehr empfänglich, denn sie ist, anders als verbale Sprache, permanent, sie ist eine Art Dauersignal. Während ein gesprochenes Wort in dem Moment verhallt, in dem es ausgesprochen wird, und schneller in Vergessenheit gerät, sendet unser Körper pausenlos Signale, selbst dann, wenn wir denken, gerade nichts zu tun. Auch wenn wir schlafen, senden wir Informationen: „Ich interagiere nicht mit dir. Ich bin gerade nicht auf Empfang." Wir können also nicht nicht kommunizieren, denn wir können uns nicht unsichtbar machen.

Der Mensch signalisiert: Ich bin nicht auf Empfang.

ALLTAG

Auch wenn wir gerade vor dem PC sitzen und arbeiten, teilen wir uns mit: „Ich habe jetzt keine Zeit für dich. Stör mich nicht." Das ist der Grund, warum die meisten Hunde so brav schlafen, wenn wir konzentriert arbeiten. Sie haben gelernt, dass absolut keine Interaktion stattfinden wird. Das ändert sich dann zum Beispiel am Abend, wenn wir entspannt auf dem Sofa sitzen und ungestört die Nachrichten anschauen möchten, unser Hund aber bestimmte, scheinbar fest installierte Rituale abspult und alle Register zieht, um noch seine Nachspeise, ein Spiel oder eine Kuscheleinheit zu bekommen. Warum tut er das mit solch gleich bleibender Regelmäßigkeit, obwohl wir ihm doch so oft sagen, dass er endlich Ruhe geben soll? Weil wir, anders als vor dem PC, mit ihm interagieren. Er hat gelernt, dass er Erfolg hat mit seinem Verhalten, denn irgendwann werden wir ihm einen entnervten Augenkontakt schenken, eine gerunzelte Stirn oder einen schmunzelnden Mundwinkel. Vielleicht merkt er an der Art, wie wir sitzen oder mit dem Bein wippen, dass wir kurz davor sind, aufzustehen und ihm zu geben, was er möchte. Oder es

Auf dem Hundeplatz ist immer alles gut.

ist die Hand, die ihn geistesabwesend streichelt, oder eine angehobene Augenbraue, die immer hochgezogen wird, kurz bevor wir aufstehen und auf seine Spielaufforderung eingehen oder ihn anmeckern.
Wir senden im Alltag also unbewusst einen Haufen Signale, die unseren Hund zu bestimmten erlernten Verhaltensweisen verleiten werden.

TRAINING

In dem kurzen Zeitraum am Tag hingegen, den wir als „Trainingszeit“ verstehen, setzen wir unsere Körpersprache dann im besten Fall sehr bewusst und sehr präzise ein, denn wir wollen ja, dass unser Hund nun „Wichtiges“ lernt. Uns ist hierbei meistens nicht so richtig klar, dass er beim Lernen allerdings keinen Unterschied macht zwischen Alltagssituationen und Training. Hunde lernen immer, nicht nur, wenn wir auf dem Hundeplatz stehen.

TRAININGSORT „WELT“

Der Grund für den sogenannten „Platzdubbel“ – also den Hund, der auf dem Hundeplatz so toll mitarbeitet, konzentriert ist und alles perfekt macht, aber kaum hat er den Platz verlassen, alles vergessen zu haben scheint – liegt darin begründet, dass sein Mensch sich dort sicher fühlt, voll auf den Hund konzentriert ist, nicht abgelenkt wird und dort konsequent mit ihm übt. Nur auf dem Hundeplatz, unter Anleitung der Trainerin/des Trainers und bewaffnet mit Klicker, Leckerlibeutel und anderen tollen Sachen, achtet er besonders auf seine Körpersprache und setzt motivierende Belohnungen ein, damit der Hund das gewünschte Verhalten erlernt. Außerhalb des

Die Kunst der zwischenartlichen Kommunikation kann erlernt werden.

Platzes wird schon mal Klicker, Futter & Co. zu Hause vergessen, der Mensch ist weniger aufmerksam, er fühlt sich draußen vielleicht unsicherer oder hat bestimmte Abläufe nicht mehr präsent, sodass natürlich auch der Hund nun anders agiert. Würde der Mensch aber „die Welt" als Trainingsort betrachten und sich dort ebenso konsequent verhalten wie auf dem eingezäunten Übungsplatz, könnte der Hund die erlernten Tricks viel schneller generalisieren und an vielen Orten zuverlässig zeigen. Aber so lernt der Hund außerhalb des Hundeplatzes eben andere, für ihn lohnenswertere Verhaltensweisen zu perfektionieren.

Beim Geschirr-Anziehen fühlen sich viele Hunde unwohl.

INTERPRETATIONS-KÜNSTLER HUND

Über Sichtsignale mit Hilfe von Händen, Fingern, Füßen, der Position und Höhe unserer Extremitäten sowie unserer Mimik, Statik und Dynamik in allen möglichen und unmöglichen Kombinationen versuchen wir im Training also, unseren Hunden mitzuteilen, was sie für uns tun sollen: Sitz, Platz, Fuß und noch vieles mehr.
Die besondere Schwierigkeit, auf die wir hier stoßen, ist natürlich die zwischenartliche Kommunikation. Es ist erstaunlich, zu welcher Transferleistung Hunde fähig sind, uns tatsächlich zu verstehen, obwohl wir selbst im Training mal wieder mehr als nachlässig herumgestikuliert haben. Sie sind so viel besser darin, uns zu interpretieren, als umgekehrt. Wir Menschen beobachten unsere Hunde häufig nicht sehr genau, und viele wichtige Signale entgehen unserem unaufmerksamen Auge, weil wir ihm gar keine Bedeutung beimessen. Was soll schon ein Zwinkern, Schütteln, Wegschauen oder Züngeln bedeuten, nur weil wir uns gerade stöhnend über den Hund beugen, während wir ihn anleinen?

SCHAU HIN!

Nun, es bedeutet alles: Seine Körpersprache wahrzunehmen und unsere anzupassen kann für unser beider Wohlbefinden, für Sicherheit, für gute Laune und damit auch für unsere gemeinsame, auf Vertrauen basierende Beziehung sorgen.
Die folgende Grafik macht die Bedeutung deiner Körpersprache im Gesamtkontext „Kommunikation und Lernverhalten" nochmal zusammenfassend deutlich. Sie ist die Basis all dessen, was das Verhältnis, die Motivation und die Bindung zwischen dir und deinem Hund maßgeblich bestimmen wird. Deine Kommunikationsfähigkeit wird das Lernverhalten deines Hundes stark beeinflussen.

KOMMUNIKATION

Wann immer dich dein Hund wahrnimmt, kommunizierst du:
Über deinen Körper und mit deinen Worten sendest du Signale, die er empfängt und verwertet.
Sie beeinflussen sein Verhalten und seine Emotionen.

KÖRPERSPRACHE ist deine wichtigste Kommunikationszentrale. Sie beeinflusst das Lernen deines Hundes und kann belohnend oder strafend wirken.

LERNEN

ist nichts anderes, als die Anpassung an sich verändernde Umweltbedingungen

TRAINING

ist für dich bewusstes Üben mit dem primären Ziel, das Verhalten deines Hundes zu verändern.

ALLTAG

ist für dich trainingsfreie Zeit. Doch dein Hund unterscheidet nicht zwischen Training und Alltag. Er lernt immer.

LERNGESETZE

wirken immer, egal ob du dich im Training oder im Alltag befindest. Dein Hund lernt sein Verhalten über die positiven oder negativen Konsequenzen zu einem Verhalten anzupassen:

BELOHNUNG

VERSTÄRKT VERHALTEN

POSITIVE VERSTÄRKUNG
Du fügst etwas Angenehmes für deinen Hund hinzu.
Z. B. ein Lächeln, eine einladende Geste

NEGATIVE VERSTÄRKUNG
Du nimmst deinem Hund etwas Unangenehmes weg.
Z. B. du stehst gebeugt über dem Hund und stellst dich nun gerade hin.

WIRD ÖFTER GEZEIGT

STRAFE

SCHWÄCHT VERHALTEN

POSITIVE STRAFE
Du fügst etwas Unangenehmes für deinen Hund hinzu.
Z. B. du beugst dich über deinen Hund und tätschelst seinen Kopf

NEGATIVE STRAFE
Du nimmst deinem Hund etwas Angenehmes weg.
Z. B. du entziehst ihm deine Aufmerksamkeit und ignorierst ihn.

WIRD SELTENER GEZEIGT

Beispiele bezogen auf Körpersprache

VERHALTEN

EMOTION

FREUDE | SPIEL | NEUGIER

ANGST | WUT | ÄRGER

Die Bedeutung deiner Körpersprache im Gesamtkontext „Kommunikation und Lernverhalten"

DIE GEOMETRIE DER KÖRPERSPRACHE

REGELN UND BESONDERHEITEN

In der Hund-Hund-Kommunikation, aber auch in der Mensch-Mensch-Kommunikation gibt es bestimmte Regeln, die Auskunft darüber erteilen, ob Verhalten offensiv, ausladend und unhöflich oder defensiv, einladend und freundlich gemeint ist. Wir drücken mit Anwendung dieser Regeln nicht nur unsere Stimmung und unsere Emotionen aus, sondern erzeugen damit natürlich auch beim Gegenüber Stimmungen und Reaktionen.
Egal ob Hund oder Mensch: Unsere Kommunikation ist in vielen Fällen völlig übereinstimmend, es gelten die gleichen Regeln. Und da das so ist, scheinen diese Regeln auch in der zwischenartlichen Mensch-Hund-Kommunikation, zumindest tendenziell, zu funktionieren.

GRUNDLEGENDE TENDENZ

Sind die kommunizierenden Körperteile und Bewegungen nach oben (↑) und nach vorne (→) ausgerichtet, wirkt das Individuum aufmerksamer, selbstbewusster, unangreifbarer, offensiver, ausladender, abgrenzender oder auch unhöflicher, als wenn sie nach unten (↓) und nach hinten oder seitlich (←) gewandt sind, was eher Schüchternheit, Unsicherheit, Ängstlichkeit, Rückzug/Deeskalation bzw. einladende Freundlichkeit vermitteln kann. Im ersten Fall versucht das Individuum sich größer zu machen, im zweiten Fall kleiner. Wir müssen bei der Regel auch die Oberflächenvergrößerung bzw. -verkleinerung berücksichtigen, wie zum Beispiel bei hoch-

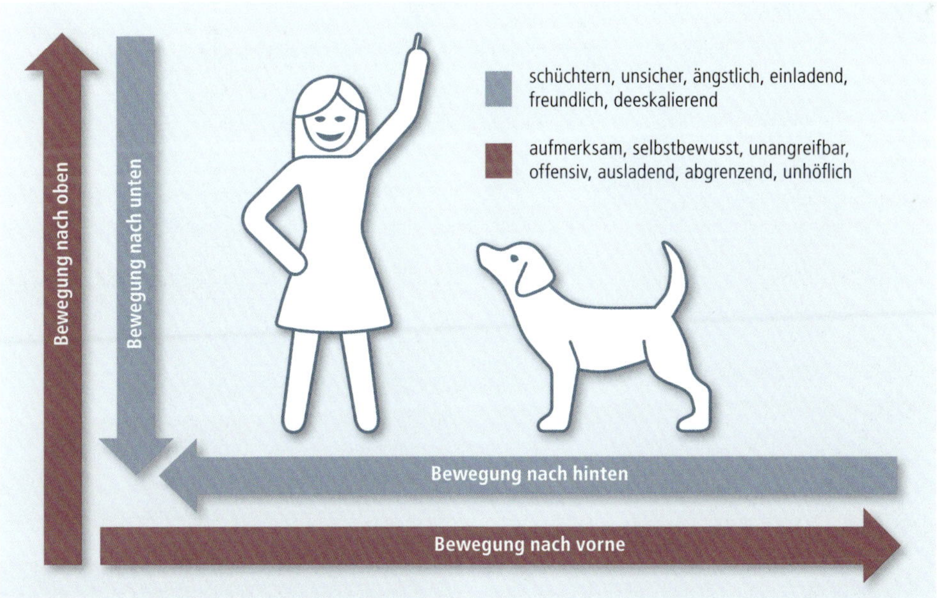

Übereinstimmende Geometrie der Körpersprache

Nach oben/vorne oder nach hinten/unten?…

…Die Bedeutung von Körpersprache folgt bestimmten Grundtendenzen.

gezogenen Schultern. Zwar geht die Bewegung scheinbar nach oben, was laut Geometrie der Körpersprache ausladend und offensiv (↑/→) bedeuten müsste, in Wahrheit aber zieht sich das Individuum bei dieser Bewegung, meist in Kombination mit einem gerundeten Rücken (also ↓), zusammen und macht sich kleiner, „unsichtbarer". Es gilt also hier eher die „unten/hinten"-Regel (↓/←).

MISCHFORMEN

Natürlich gibt es auch Mischformen, wenn unterschiedliche Körperteile unterschiedlichen Ausrichtungen folgen, was zum Beispiel Unentschlossenheit und Übersprung ausdrückt oder für eine Art der Kommunikation steht, die nur uns Menschen zu eigen ist: die Lüge oder die Ironie, die das Gegenteil dessen ausdrückt, was wir fühlen oder meinen. Ziehe ich eine Augenbraue nach oben, bedeutet dies nicht automatisch, dass ich mich gerade über etwas ärgere, sauer bin oder drohen möchte, sondern vielleicht sogar im Gegenteil, dass ich gerade amüsiert bin und ironisch schaue, weil mein Hund durch unauffällig auffälliges Herumschleichen versucht, Wurst vom Tisch „wegzufinden".

GESAMTKÖRPER-DISPLAY

Für den Hund ist die Augenbraue in solchen Fällen natürlich schwer zu interpretieren, denn sie geht nach oben, ohne die Bedeutung nach oben/vorne gerichteter Körperteile zu haben. Doch ziemlich sicher wird er nicht nur die Augenbraue in seine Abwägungen einbeziehen, sondern das Gesamtkörper-Display. Das Gleiche tut er auch in Hund-Hund-Begegnungen: Hunde untereinander zeigen häufig sehr gegensätzliche und schnell wechselnde Körpersprach-Displays aufgrund wechselnder Emotionen innerhalb einer Situation, die das Gegenüber im

Hunde beobachten uns den ganzen Tag und interpretieren unser Verhalten.

Idealfall alle wahrnehmen und bewerten sollte, um angemessen handeln zu können. Eine anspruchsvolle Lernaufgabe, die nur mit entsprechenden Erfahrungen und durch Kontakte zu unterschiedlichen Hunderassen bewältigt werden kann.

KOMBISIGNALE

Der Hund wird also auf die Ausrichtungen der Körperteile im Einzelnen und in Summe (s. a. Kapitel „Kombisignale"), je nachdem reagieren und uns damit zeigen, wie er uns interpretiert und verstanden hat: Er wird mehr oder weniger Distanz einnehmen, er wird sich abgeschreckt abwenden oder erfreut zuwenden. Er wird sich provoziert fühlen und angreifen oder beschwichtigt und befriedet weggehen oder sich sogar unterwürfig auf den Rücken legen.

GEOMETRIE VON KOPF BIS FUSS

Schau dir die folgende Tabelle an. Sie beschreibt die oben beschriebenen Regeln der Geometrie am Beispiel einzelner menschlicher Körperteile, angefangen vom Kopf bis hinunter zu den Füßen. Da es sich, wie bereits erwähnt, nur um Tendenzen handelt, gibt es natürlich immer auch Ausnahmen oder mehrdeutiges Ausdrucksverhalten, das unterschiedliche Interpretationen zulassen kann.

AUFGABE

Stell dich vor den Spiegel oder suche dir eine Partnerin/einen Partner und probiere verschiedene Ausdrucksverhalten ganz bewusst aus. Welche Emotionen erzeugst du damit bei deinem Gegenüber?

Verschiedene Menschen, verschiedene Kombisignale. Für einen Hund nicht immer einfach zu interpretieren.

☞ KOMMUNIKATION VON KOPF BIS FUSS

	Ausrichtung nach vorne/oben (→/↑): **WIRKUNG:** ausladend / offensiv / aufmerksam / selbstbewusst / angespannt / unhöflich	Ausrichtung nach hinten/unten (←/↓): **WIRKUNG:** einladend / defensiv / unsicher / ängstlich / schüchtern / unterwürfig / freundlich
Stirn	nach oben gezogen, gerunzelt, „konzentriert"	entspannt, glatt
Augenbrauen	hoch- bzw. zusammengezogen	glatt, neutral
Augenlider	hochgezogen	hängend, gesenkt, neutral
Augen	starr, hart, fixierend, weit offen	weich, blinzelnd, leicht geschlossen
Blick	gerade, direkt	vermeidend, nach unten, zur Seite gerichtet
Nasenlöcher	geweitet	normal geöffnet
Mundwinkel	Lippen kurz, nach vorne gezogen, gespitzt, zusammengepresst, angespannt	nach hinten gezogen, weich, leicht geöffnet, Zähne zeigend; nach unten gezogen
Kinn	nach vorne gedrückt, entschlossen	nach unten fallend, weich, versonnen
Hals	gestreckt, steif	zusammengezogen, eingesunken
Schultern	gerade, durchgedrückt, heruntergedrückt (Oberflächenvergrößerung)	hoch- bzw. zusammen- oder nach vorne gezogen (Oberflächenverkleinerung), schlaff nach unten hängend
Brust	nach vorne, herausgedrückt	zusammengesunken, eingefallen
Arme	nach vorne ausgestreckt, steif, gerade, verschlossen vor der Brust verschränkt	locker hängend, zur Seite ausgebreitet, hinter dem Rücken verschränkt
Hände/Finger	weit geöffnet, Handinnenfläche nach vorne gerichtet, ausgestreckte Finger, Faust nach vorne ausgestreckt	locker, weich, Hand hängt herunter; Faust nach unten zeigend („die Faust in der Tasche")
Rücken	gerade durchgedrückt, gestreckt	krumm, rund, „rückgratlos", lasch, „wie ein Schluck Wasser in der Kurve"
Po	angespannt, hochgezogen	schlaff, locker
Beine/Knie	durchgedrückt, steif	stehend angewinkelt, lockerer Stand, hockend
Füße	frontal nach vorne gerichtet	nach innen gedreht (X-Beine)

Maylie arbeitet konzentriert mit Frauchen Maria.

MÄNNER UND FRAUEN

Sehr häufig erzählen mir Kundinnen, dass ihr Hund ganz anders auf männliche Personen reagiert. Dort „funktioniert" er und macht scheinbar von ganz allein das, was er soll, während er bei Frauchen eher mal seine Ohren auf Durchzug zu stellen scheint. An dieser Wahrnehmung ist einerseits viel Wahres dran, andererseits auch viel Missinterpretiertes. Denn wenn der Hund bei Frauchen nicht reagiert und lieber seinen statt ihren Hobbys nachgeht, bedeutet das nur eines: Das Training lässt zu wünschen übrig. Ein Hund, der über positive Verstärkung (auf ein erwünschtes Verhalten folgt etwas Schönes bzw. Angenehmes) trainiert wird, wird – weil es sich immer für ihn lohnt – auf die Signale achten, die mit ihm, immer angepasst an seinen Lernstand, geübt wurden – völlig unabhängig vom Geschlecht des Menschen.

Männer wirken oft schon durch ihre Größe, Breite und die Tiefe der Stimme bedrohlich, ohne es zu wollen.

Wenn Alex sich kleiner macht und sich körpersprachlich freundlich zeigt, fühlen sich Tame und Kurt besonders wohl.

HANDICAP DER MÄNNER

Dass der Hund aber beim Mann häufig eher reagiert, mag stimmen, hat aber nichts damit zu tun, dass der Mann mehr oder besser mit dem Hund trainieren würde, im Gegenteil: Die Erfahrung zeigt mir, dass es – zumindest im positiven Training – sehr häufig die Frauen sind, die regelmäßig mit ihren Hunden üben.

Nein, der Grund ist viel profaner: Männer benehmen sich öfter (die Ausnahme bestätigt die Regel) körpersprachlich bedrohlich. Im lerntheoretischen Sinn wirkt hier die positive Strafe, sprich: Auf ein Verhalten des Hundes wird etwas Unangenehmes, Ängstigendes hinzugefügt. Oft passiert das gar nicht absichtlich, aber allein durch die Körpergröße und die dunkle Stimme, eine aufrechtere, nach vorne/oben ausgerichtete, „männliche" Haltung, eine gewisse Ungelenkigkeit und dadurch steifere Bewegungen, haben sie es häufig schwerer, das Vertrauen des Hundes zu gewinnen. Und wenn ein Mann, im Vergleich zu einer Frau, dann seine Stimme erhebt, frontal auf den Hund zugeht oder sogar körperlich eingreift, macht das natürlich großen Eindruck auf den Hund. Klar ist: Wer bedroht und gehemmt wird, traut sich sehr viel weniger, seinen Bedürfnissen nachzugehen und sich frei zu bewegen, als wenn er ungehemmt ist und keine Strafe zu befürchten hat. Das ist bei uns Menschen auch nicht anders.

TIERSCHUTZHUNDE UND MÄNNER

Eine typische Beobachtung ist auch, dass Hunde aus dem Auslandstierschutz ganz häufig deutlich mehr Angst vor maskulinen Personen zeigen als vor femininen, was den Rückschluss zulässt, dass ihre Erfahrungen mit Männern weniger positiv ausgefallen sein mögen.

Es ist also keine wundersame Magie, die „besondere Verbindung" zwischen Hund und Mann oder gar seine Kompetenz als Hundeführer, wenn der Hund beim Mann (ohne Training!) besser „gehorcht", sondern schlicht der Einsatz einer ängstigenden, bedrohlichen, sprich: strafenden/hemmenden Körpersprache, die massiven Einfluss auf das Verhalten des Hundes hat.

WANN IST EIN MANN EIN MANN?

Wenn sich Männer also einladend und freundlich gegenüber ihrem Hund verhalten möchten, damit er freudig kooperiert und motiviert mitmacht, haben sie in der Regel ein wenig mehr Arbeit als Frauen, da sie ein Stück weit ihre Biologie überwinden müssen, um sich ein wenig „weicher" zu geben.

Dass sie sich vielleicht damit schwerer tun, mag auch mit dem in der traditionellen Hundewelt leider immer noch gängigen klassischen Männerbild zu tun haben: Ein Mann, der „nett" mit seinem Hund umgeht, ist vielleicht kein richtiger Mann? Was natürlich ein großer Irrtum ist. Denn aus Gesprächen mit Hunderten Ehefrauen, Partnerinnen, Freundinnen, Kolleginnen und durchaus auch einigen empathischen Herren weiß ich, dass Männer, die freundlich und liebevoll mit ihren Hunden kommunizieren und ohne Kasernenton auskommen, ungemein sexy wirken und Herzen zum Schmelzen bringen.

KINDER, ÄLTERE SEMESTER, MENSCHEN MIT BEHINDERUNGEN

Auch Kinder, ältere Menschen oder Menschen mit Behinderungen benehmen sich häufig und ungewollt bedrohlich Hunden gegenüber. Ihre Bewegungen sind tendenziell nach vorne/oben ausgerichtet.
Kinder rennen frontal und distanzunterschreitend, begeistert und aufgeregt auf Hunde zu, sie springen, hüpfen, grapschen oder starren ihnen unverwandt in die Augen. Im nächsten Moment machen sie genau das Gegenteil: Sie sind für Hunde schwer interpretierbar, da ihr Verhalten für sie nicht vorhersagbar ist. Ihre Bewegungen sind unbeholfen und koordinativ grobmotorisch. Dadurch können sie auf Hunde sehr offensiv wirken.

MOTORIK UND BEWEGUNGSFÄHIGKEIT

Ältere Menschen oder Menschen mit Behinderungen sind meist weniger wendig, sie sind manchmal körperlich unflexibel, steif und unbeweglich oder haben Einschränkungen wie Humpeln, unkoordinierte Gesten, Schlurfen o. Ä. Sie mögen verzögert reagieren bzw. agieren, sie nähern sich häufig frontal, benutzen einen Stock, Rollator oder Rollstuhl (alles gewöhnungsbedürftige, potenziell angsteinflößende, weil ungewohnte Gegenstände für Hunde), sie greifen grobmotorisch ins Halsband, Geschirr oder an den Hund. Auch ihre Bewegungen sind also eher nach

Wenn sich Kinder unvermittelt bewegen, sind sie manchen Hunden gruselig.

Zum tollen Team herangewachsen: Jutta, ein älteres Semester, und ihr bester Buddy Camillo aus dem Auslandstierschutz.

vorne/oben ausgerichtet als nach hinten/unten, weshalb Hunde ihnen mit größerem Misstrauen begegnen mögen als jüngeren bzw. mobileren Erwachsenen.

MENSCHLICHE VIELFALT

All dies bedeutet natürlich nicht, dass Hunde keinen Kontakt zu Kindern, Älteren oder behinderten Menschen haben sollten. Es bedeutet nur, dass Hunde die Chance bekommen sollten, lernen zu dürfen, dass die menschliche Körpersprache viele Variationen kennt und Interpretationen zulässt. Da Kinder, Ältere oder Menschen mit Behinderungen aber nur schwer dazu gebracht werden können, ihre Körpersprache zu verändern, sind es in diesen Fällen die Hunde, die idealerweise kleinschrittig über gezieltes positives Training mit möglichst vielen verschiedenen menschlichen Körpersprach-Displays vertraut gemacht werden sollten, damit sie lernen, dass auch bei manch scheinbar offensiver Verhaltensweise keine Gefahr droht.

MERKE

Auch wenn du deinen Hund über Training daran gewöhnen möchtest, wird er sich niemals voll entspannen oder wohlfühlen können, wenn zwar ein gut gemeintes, aber bedrohlich wirkendes Ausdrucksverhalten des Menschen auf ihn einwirkt. Er lernt es vielleicht auszuhalten, aber gewiss nicht zu lieben. Achte darauf, wie viel du ihm zumuten kannst und an welcher Stelle du ihn entlasten solltest, damit er sich erholen kann. Das gilt zum Beispiel auch ganz besonders für Hunde, die als Assistenzhunde eingesetzt werden.

Eine einladende Körpersprache weckt Vertrauen und freudige Emotionen.

PLÄDOYER FÜR „NACH HINTEN/UNTEN“

STRAFEN ZERSTÖRT VERTRAUEN

Als Trainerin, die auf Basis positiver Verstärkung arbeitet, achte ich vehement darauf, dass ich mich körpersprachlich stets einladend gegenüber dem Hund verhalte. So oft haben mich meine Kundinnen und Kunden erstaunt gefragt, warum sich ihr Hund mir gegenüber vom ersten Moment an so vertrauensvoll und freudig verhalten und nicht mal bellen würde – was gegenüber Fremden so gut wie nie vorkomme. Ganz häufig fiel das gruselige Wort „Flüsterin“. Oh nein! Ich sag's mal so: Wer flüstert, der lügt ... Nein. Ich flüstere nicht im Mindesten, und ich zaubere auch nicht, sondern ich wende immer die nach hinten/unten gerichtete Körpersprachregel an – und je schüchterner und zurückhaltender, sprich: ängstlicher, der Hund, desto deeskalierender verhalte ich mich. Es gibt für mich einen wichtigen Kodex: Bewege deinen Körper immer so, dass der Hund niemals Meideverhalten zeigen muss. Denn meiden bedeutet Angst zu haben bzw. sich unwohl zu fühlen.

TRIEBKRAFT ETHIK

Die Gründe, warum ich mich stets freundlich und einladend gegenüber jedem Hund verhalte, sind einfach: Zum einen ist die Ethik für mich eine große Triebkraft. Ich möchte keinen Hund zu Verhalten zwingen. Ich möchte ihn nicht ängstigen, unterdrücken, hemmen oder bedrohen, um ihn dazu zu bringen, das Verhalten zu zeigen, das ich gern von ihm möchte, sondern ich setze auf Freiwilligkeit und Kooperation. Ich möchte, dass der Hund Bock darauf hat, mit mir zu interagieren. Dass er sogar lieber bei mir bleibt, als hinter einem Reh herzujagen. Ich möchte das, weil ich zutiefst überzeugt bin, dass es ethisch fraglich ist, die Bedürfnisse eines Lebewesens zu übergehen, nur weil ich körperlich und geistig die Macht dazu habe. Doch Achtung: Das bedeutet nicht, dass ich keine Grenzen setze oder unerwünschtes Verhalten nicht unterbreche!

KLARE REGELN

Ich setze Grenzen, denn alles andere wäre unverantwortlich und rücksichtslos anderen Lebewesen gegenüber. Bei mir gibt es definitiv klare Regeln, DOs und DON'Ts. Nur muss ich auf keinen Hund aversiv einwirken oder ihn auch „nur" blockieren, damit er meine Regeln einhält. Denn was ist Blockieren anderes als körpersprachlich Angst zu erzeugen? Wir alle wissen, dass wir niemanden anfassen oder gar schlagen müssen, um bedrohlich zu wirken. Leider wird die Lernform, die hinter Blockieren steht, von denen, die diese Methode als vermeintlich sanfte Erziehungsmethode empfehlen, nur selten genannt. Oft wird stattdessen verschönklausuliert: Es wird von „sozialem Lernen" gesprochen, weil es sich netter anhört, und dass der Hund sich zurücknimmt, weil er sich mir gegenüber nun respektvoll zeigen würde. Das ist natürlich

Es braucht keine Leinenrucke oder bedrohliche Gesten, um dem Hund beizubringen, an lockerer Leine zu gehen. Junghündin Marla meistert diese anspruchsvolle Aufgabe sogar bereits unter Ablenkung.

unfaire Vermenschlichung. Respekt ist ein moralischer Wert von Menschen gemacht. Ein Hund denkt nicht in moralischen Werten, sondern in Konsequenzen, die sein Verhalten nach sich zieht: Ist die Konsequenz gut oder nicht? Lohnt sich Verhalten oder nicht? Droht Belohnung oder Strafe? Mehr ist es nicht. Ich behaupte, wenn deutlich erklärt würde, was genau dahintersteckt, würden sich die meisten Hundebesitzerinnen und -besitzer dagegen entscheiden. Sie wollen gar nicht ängstigend auf ihren Hund einwirken. Vor allem dann nicht, wenn sie wüssten, dass es auch sehr einfach ohne geht.

MERKE
Wenn ich einen Hund körpersprachlich bedrohe, ihn hemme oder blockiere, dann füge ich einen unangenehmen Reiz hinzu. Ich erzeuge Angst. Aus Sicht der Lerntheorie arbeite ich über positive (positiv = ich füge etwas hinzu) Strafe, die man deshalb auch zum besseren Verständnis „ängstigende" Strafe nennt.

BEISPIEL
Du gibst deinem Hund das Sitzsignal, doch er setzt sich nicht hin. Du könntest nun, um schnell zum Ergebnis zu kommen, einen Schritt auf ihn zugehen und somit Druck aufbauen. Über deine Körpersprache (→) benimmst du dich jetzt distanzunterschreitend, unfreundlich, unangenehm, bedrohlich. Dein Hund wird sich vielleicht deeskalierend hinsetzen, wenn ihm Sitzen als Erstes in den Sinn kommt, um dem unangenehmen Druck zu entgehen, und er sich nicht traut, dagegen anzustinken. Da Hunde meist von klein auf lernen, dass Sitzen beim Menschen gut ankommt, ist es das meistverstärkte Verhalten, welches in Konfliktsituationen mit Menschen dann auch als erste Lösung angeboten wird.
Setzt sich dein Hund, hast du Glück, denn offensichtlich gehört er zu den „Netten", zu den Defensiven. Interessant wird es dann bei den weniger Einsichtigen und „wehrigeren" Hunden, bei denen du in der Regel noch mehr Druck aufbauen musst, damit sie nachgeben. Die Gewaltspirale nimmt ihren Lauf.

Blockieren, um den Hund von bestimmtem Verhalten abzuhalten, wirkt über eine bedrohliche Körpersprache und erzeugt mulmige Gefühle beim Hund.

Je näher du dich vor deinem Hund aufbaust, desto bedrohlicher wirkst du. Das hat Einfluss auf sein Verhalten. Druck kann zum Erfolg (für dich) führen. Oft aber versuchen die Hunde sich zu entziehen.

DEIN HUND HAT GUTE GRÜNDE

Aber so wirklich die feine englische Art ist das nicht, oder? Denn er setzt sich ja nicht nicht hin, weil er dich ärgern will. Er hat Gründe, die sehr unterschiedlich sein können.

Meistens liegt es daran, dass Sitzen (und alle anderen Verhaltensweisen, die wir ihm beibringen möchten) nicht ordentlich genug trainiert wurde, und zwar so, dass der Hund sagt: „Cooool, Sitzen (oder was auch immer) lohnt sich voll. Das mache ich jetzt öfter."

Er hat vielleicht nicht gelernt, auch in aufregenden Situationen zu sitzen – was sehr schwierig ist, vor allem für junge, hibbelige Hunde mit wenig Impulskontrolle. Sag mal einem Kind vor der Bescherung, es soll sich jetzt erstmal eine Weile – einfach so, weil du es sagst – entspannt hinsetzen ...

Vielleicht hat der Hund auch nicht gelernt, dass es lohnenswert sein kann, sich auch auf nasse, kalte, unebene Untergründe zu setzen. Oder er würde sich sogar gerne setzen, hat heute aber Rücken ...

URSACHEN FINDEN

Wenn der Hund also nicht das Verhalten zeigt, das du abgefragt hast, könntest du also, statt ihn dazu zu zwingen, zunächst über die Ursachen nachdenken. Denn das hilft dir dabei, langfristige Lösungen zu finden, um das erwünschte Verhalten zuverlässig zu bekommen: Du beseitigst Schmerzen, veränderst die Trainingsbedingungen, trainierst klüger, übst kleinschrittiger, unter

Roya hat gelernt, sich in verschiedenen Situationen auf ein Sichtsignal zu setzen. Sie tut es freiwillig und gerne, denn sie weiß, dass die Konsequenzen hierfür angenehm und freudig sein werden.

nur langsam schwieriger werdenden Bedingungen und belohnst vielleicht hochwertiger ... und am Ende bekommst du ein Sitz (oder was auch immer du gerade trainierst) in allen erdenklichen Situationen, das dein Hund gerne, prompt und zuverlässig ausführt, ohne dass du dich je bedrohlich zeigen musstest. Und das gilt für alle Rassen. Auch für die „sturen“ und „schwierigen“. Bingo!

GEFAHR IN VERZUG

Jetzt sagst du vielleicht: „Aber stell dir vor, er möchte über die rote Ampel rennen, dann muss ich ihn doch blockieren, um sein Leben zu schützen.“
Ja, klar. Aber das ist kein Training. Es ist Gefahr in Verzug, und anscheinend gibt es gerade keine andere Lösung in dieser Situation als Management. Natürlich hältst du dann die Leine fest, packst ihn womöglich

Kurt hat über positive Verstärkung gelernt, sich an der Ampel hinzusetzen – auch wenn andere Reize in Sichtweite sind und es ihm schwer machen.

am Geschirr (schlimmer noch würgend am Halsband) oder stellst dich ihm in den Weg – alles angstmachende, hemmende Maßnahmen, wenn sie untrainiert und unangekündigt angewendet werden. Sie retten zwar das Leben des Hundes, doch diese Kausalität wird sich ihm nicht erschließen. Im Gegenteil: Dein aversives Eingreifen gibt ihm keine Information darüber, was er tun kann, um dieser „Strafe" (aus seiner Sicht) zu entgehen. Er lernt, dass es aus heiterem Himmel und aus ihm nicht nachvollziehbaren Gründen mit dir sehr unangenehm werden kann. Das Vertrauen wird leiden, und die Sensiblen können sogar psychischen Schaden nehmen.

ALLTAG ÜBEN

Deshalb ist es so sinnvoll, bereits prophylaktisch solche Alltagssituationen zu üben und vorausschauend zu agieren, damit aversives Eingreifen gar nicht erst nötig wird. Es reicht ja oft schon, die Leine einfach kürzer (ohne zu rucken) zu nehmen, damit der Hund in keine Gefahrenzone rennen kann. Und falls das Kind doch in den Brunnen fällt, solltest du spätestens dann darüber nachdenken, wie du in Zukunft das Training gestalten kannst, damit solche Situationen nicht mehr auftreten. Du kannst deinem Hund zum Beispiel beibringen, dass er auf das Signal „Straße" so lange am Bordstein stehen bleibt, bis du ihm das Zeichen gibst, dass er weiterlaufen darf. Wenn du das Stehenbleiben entsprechend belohnst, wird er – jede Wette – gern an der Bordsteinkante stehen bleiben und dieses Verhalten freiwillig öfter zeigen.

MERKE

Das ist ein Lerngesetz: Dinge, die sich lohnen, werden öfter freiwillig gezeigt! Zeige deinem Hund die Dinge, die sich lohnen, und lass ihn nicht erst in den Fehler rennen, um ihn dann strafen zu müssen. Nicht nur dein Hund wird mit dieser Methode Glückshormone ausschütten.

DER SCHLÜSSEL ZUM ERFOLG: VERHALTEN VERSTÄRKEN

Und genau das führt uns nun zum anderen Grund – neben der Ethik –, warum sich Training über positive Verstärkung so sehr lohnt und Training über Strafe nicht: Ein Hund, der über positive Verstärkung und bedürfnisorientierte Belohnungen dazu gebracht wird, bestimmtes Verhalten zu zeigen (und damit unerwünschtes Verhalten nicht zu zeigen), tut dies in der Regel häufiger, zuverlässiger und prompter, weil er gelernt hat, dass bestimmte Verhaltensweisen für ihn lohnenswert sind, dass sie Spaß machen, Sicherheit vermitteln, Stress reduzieren und Frust verhindern. Es werden Glückshormone ausgeschüttet und eine positive Grundemotion erzeugt.

DIE REGELN DER STRAFE

Arbeite ich hingegen über Strafe, wird nur Verhalten, das ich nicht möchte, gedeckelt und gehemmt. Mit viel Glück tritt das unerwünschte Verhalten seltener oder gar nicht mehr auf, aber nur, wenn ich u. a. genau zum richtigen Zeitpunkt, in genau der richtigen Härte gestraft habe – was in der Praxis fast unmöglich ist. Der Hund erhält zudem keinerlei Information darüber, was er eigentlich tun soll.
Die Regeln, die hinter dem Prinzip von „Belohnung und Strafe“ stecken, nennt man nicht umsonst „Lerngesetze“: Es handelt sich um Gesetzmäßigkeiten. Die kann ich mir zunutze machen oder nicht. Aber es sind Fakten, die ebenso Gültigkeit haben wie das Gesetz der Schwerkraft. Das Ei zerklatscht auf dem Boden, weil es immer nach unten fällt und niemals nach oben fliegt, nur weil ich Schwerkraft blöd finde.

BEISPIEL
Wenn ich den Welpen anschreie und mich körpersprachlich bedrohlich verhalte, weil ich will, dass er gefälligst aufhört, das Stuhlbein zu zerkauen, muss ich das ...

— jedes Mal,
— genau im absolut richtigen Moment,
— nicht zu hart, damit er keinen Schaden nimmt und ein Trauma erleidet,
— nicht zu lasch, damit es auch eindrücklich wirkt,

tun, sodass er sich tatsächlich bestraft fühlt und für immer (auch dann, wenn ich nicht im Raum bin) damit aufhört. Ansonsten würde er sich immer wieder hinschleichen, was am Ende zu einer Abhärtung des Welpen an mein Geschrei führen kann. Denn auch das ist Fakt: Wir Säugetiere gewöhnen uns an Strafe wie Geschrei, sogar an Schläge. Ich muss also immer lauter schreien, kräftiger rucken oder zuschlagen, um Eindruck zu schinden. Nicht sehr attraktiv, oder?

VERSTECKTE VERSTÄRKER

Vielleicht verstärke ich damit auch das unerwünschte Verhalten, denn auch Schimpfen ist Aufmerksamkeit. Auch das kennen wir aus der Menschenwelt: Wir zeigen manchmal provozierendes oder verbotenes Verhalten, weil wir gelernt haben, dass wir damit endlich Aufmerksamkeit erlangen. Was der Welpe jedoch mit seinem Kaubedürfnis machen soll, sage ich ihm auf diese Weise nicht. Vielleicht probiert er ab sofort ein

Positives Training ist Bindungsarbeit. Der Hund lernt mit Freude, die Signale seiner Bezugsperson auszuführen.

anderes Stuhlbein aus, in der logischen Annahme, dann nicht bestraft zu werden und eine positive Konsequenz (das Befriedigen seines Kaubedürfnisses) zu erleben. Der Hund weiß ja erstmal nicht, dass kein Stuhlbein für ihn bestimmt ist. Er versucht also, über die unter Umständen für alle frustrierende Lernform „try and error" die richtige Lösung zu finden.

SAG IHM, WAS ER TUN SOLL!

Würde ich ihm stattdessen einfach freundlich und bestimmt eine Kauwurzel anbieten bzw. jedes Mal etwas ins Maul schieben, auf dem er herumkauen darf, bevor er zum Stuhlbein laufen würde, schlüge ich gleich richtig viele Fliegen mit einer Klappe:

- Sein Bedürfnis wird befriedigt.
- Frust wird verhindert.
- Das falsche Verhalten wird nicht verstärkt (Schimpfen ist Aufmerksamkeit und kann verstärkend wirken).
- Er lernt, was „seins" ist. Dadurch verlieren andere Sachen ihren Reiz.
- Er wird immer öfter von sich aus die Kauwurzel (oder etwas anderes Erlaubtes) auswählen. Das erwünschte Verhalten wurde verstärkt.
- Das Stuhlbein bleibt heil.
- Alle behalten ihre gute Laune.
- Der Hund lernt, dass er von mir gute Lösungsvorschläge erhält. Vielleicht fragt er nun sogar öfter nach Hilfe.
- Keiner muss gegen irgendwen kämpfen, wütend oder sauer sein.

DER SCHLÜSSEL: POSITIVE VERSTÄRKUNG

Ich mache mir also das Lerngesetz, in dem Fall die positive Verstärkung, zunutze, indem ich immer etwas Schönes auf ein erwünschtes Verhalten folgen lasse und damit dieses Verhalten verstärke, statt unerwünschtes zu bestrafen. Auf diese Weise komme ich sehr schnell zu einem für alle befriedigenden Ergebnis.
Nur deshalb nutze ich eine freundliche, einladende Körpersprache. Und nur deshalb haben Hunde sehr schnell Vertrauen zu mir und kooperieren mit mir.
Ein Handwerk. Keine Flüsterei.

KÖRPERSPRACHE IM TRAINING

ZEICHEN UND SIGNALE

Kommunizierst du mit deinem Hund, nutzt du garantiert bestimmte Zeichen und Signale, die ihm die Informationen liefern, was er wie lange tun soll. In der Regel sind dies Wortsignale (oft immer noch „Kommandos“ genannt, die dem Hund zackig ins Gesicht geblafft werden, obwohl wir nicht beim Militär sind und auf dem Kasernenplatz stehen), aber auch bestimmte Handzeichen, die mit Hilfe der Körpersprache gesendet werden.

REGELN KENNEN, REGELN ANWENDEN

Um dem Hund diese Zeichen und Signale beizubringen, gibt es bestimmte, ziemlich einfache Regeln, die du einhalten kannst, um besonders effektiv zu sein und es deinem Hund so einfach wie möglich zu machen, dich zu verstehen. So spielt zum Beispiel eine große Rolle, in welcher Reihenfolge du Hand- und Wortsignale sendest, wie lange

02

01

03

Verschiedene Handzeichen sagen dem Hund, was er tun soll.

Das Wortsignal zusammen mit der Armhaltung verwirrt Lou. Sie versucht noch herauszufinden, was sie tun soll.

du ein Signal zeigst, wie du körpersprachlich dabei wirkst und wie präzise du sprichst und dich bewegst. Man sollte nicht glauben, wie viele Fußfallen hier lauern und wie oft wir tatsächlich nur „nuscheln" oder „schreien", sodass der Hund nur noch raten kann, was wir von ihm wollen – und nicht selten aufgibt und sich z. B. abwendet, weil er uns nicht verstehen und dadurch nicht motiviert mitarbeiten kann.

Maylie wird abgelenkt und ist nicht aufmerksam, sie ignoriert das Signal ihres Menschen.

SICHTZEICHEN

Der Vorteil eines Handzeichens liegt im wahrsten Sinne auf der Hand: Es ist ein „Dauersignal", das so lange gesendet werden kann, wie der Hund das Verhalten zeigen soll. Das Dauersignal erinnert ihn nonstop an die Aufgabe, die du ihm gestellt hast. Sichtsignale sind visuelle Kommunikationsmittel, die für den Hund leicht zu lernen sind und die dir helfen, dich verständlich zu machen. Denn im Gegensatz hierzu verhallt ein Wortsignal in dem Moment, in dem du es aussprichst. Die Gefahr, dass dein Hund nach wenigen Sekunden vergessen hat, was er tun soll, ist groß. Hunde lernen also viel leichter über Sicht als über Worte.

ZUERST SICHTSIGNALE

Daher macht es immer Sinn (außer dein Hund ist blind), dass du dich zunächst auf Sichtsignale konzentrierst, bevor du Wortsignale einführst. In der Praxis machen die Menschen ziemlich oft genau das Gegenteil: Sie lassen Worte auf den Hund einprasseln und gehen davon aus, dass er sie schon irgendwie verstehen wird – insbesondere dann, wenn sie sie stakkatoartig wiederholen und dabei immer lauter werden.
Viel einfacher für den Hund wird es, wenn du das Verhalten, das du abfragen können möchtest, zunächst unter ein Sichtsignal stellst: Ob für die Klassiker wie Sitzen, Platz und Warten/Bleiben über Stoppen auf Distanz, Stehen, Aufstehen oder Unten-Bleiben bis zu vielen anderen Tricks wie Touch, Pfötchen-Geben, Hüpfen, Rolle, Auf-der-Seite-Liegen etc. Deiner Fantasie ist keine Grenze gesetzt. Du musst keine Sorge haben, dass dein Hund sich all die verschiedenen Zeichen nicht merken kann. Wenn du sie dir merken kannst – er kann das auch.

Manchmal merken wir nicht, dass wir unsere Handsignale auf unterschiedliche Art zeigen.

WAS KANN SCHIEFGEHEN?

Doch so einfach wie sich das anhört, scheint es nicht zu sein, oder wieso reagiert dein Hund nicht immer gleich auf die Signale, die deine Hand oder andere Körperteile ihm senden? Gründe hierfür gibt es einige:

Dein Sichtzeichen ...

— wird nicht immer gleich ausgeführt. Je nach Stimmung ist deine Hand mal höher, mal tiefer, mal entschlossener, mal fahriger, schlaffer oder sogar gar nicht vorhanden. Aus Sicht deines Hundes „nuschelst" du.
— passt nicht zur Lernumgebung. Wenn dein Hund das Handzeichen für Sitzen nur drinnen erlernt hat, wird es draußen zunächst keinen Sinn für ihn ergeben. Weil die Ortskonditionierung beim Lernen eine riesige Rolle spielt, ist es daher wichtig, Sichtzeichen an unterschiedlichen Orten zu üben, damit der Hund lernt, zu generalisieren.
— wird von anderen Personen anders gegeben und nicht verstanden. Oder dein Hund hat nicht generalisiert, dass ein Zeichen auch von anderen Menschen gegeben werden kann und Gültigkeit haben soll.
— wirkt – in Kombination mit dem Rest deines Körpers – bedrohlich und hemmt deinen Hund oder wirkt widersprüchlich und verwirrt ihn.
— wird zu schnell abgebrochen bzw. unterbrochen.
— ähnelt einem anderen zu sehr und ist missverständlich.
— ist falsch. Du hast dich „versprochen", und dein Hund ist verwirrt.
— wird von deinem Hund nicht gesehen, weil er unkonzentriert und abgelenkt ist oder sogar wegschaut.

Für Camillo wird es so schwerer zu verstehen. Die Konzentration sinkt, er wendet sich (frustriert) ab.

NUSCHLE NICHT

Ein Sichtzeichen kann auf tausend unterschiedliche Weisen gezeigt werden und dadurch seinen Informationsgehalt verlieren. Hunde sind sehr gut darin, uns zu beobachten und zu erraten, was wir wollen. Aber Hellseher sind sie trotzdem nicht.

BEISPIEL

Mein Hund Kurt ist nun lange genug der Hund an meiner Seite, als dass wir uns ziemlich genau kennen. Er kennt meine Mimik und Gestik in- und auswendig, er weiß, wann er was von mir erwarten kann, wann ich mit ihm interagieren möchte. Er kennt unsere Rituale und weiß, wann es sich lohnt, genau aufzupassen, und wann nicht. Zudem haben wir natürlich viele Tricks zusammen aufgebaut und verfestigt. Es ist also keine Kunst, dass ich nur eine Minibewegung in bestimmten Situationen

MERKE

Je deutlicher oder eindeutiger und gleichzeitig einladender deine Körperteile Signale senden, je entschlossener du bist und je präziser du dich bewegst, desto weniger muss der Hund geübt sein, zwischen den Zeilen zu lesen, und desto weniger „fehleranfällig" werden seine Antworten ausfallen.
Seine Motivation, mit dir zu interagieren, wird steigen, denn als soziales Wesen wird er das mögen. Seine Grundemotion wird positiv sein, denn den anderen zu verstehen, zu wissen, was er sagen möchte oder erwartet, bedeutet immer auch Sicherheit und Kontrolle – über das eigene Leben. All dies wird die Beziehung zu deinem Hund verfestigen, Vertrauen stärken und die Bindung vertiefen.

Nur weil ein Hund in bestimmten Situationen gut sitzen kann, heißt das nicht, dass er es immer kann.

ausführen muss, damit er sich zum Beispiel hinsetzt. Er tut dies gern, weil er weiß, dass es sich für ihn lohnt. Würde ich jetzt in diesem Moment, in dem ich vor dem Laptop sitze und diese Zeilen schreibe und er neben mir unter dem Tisch liegt, mich herunterbeugen und ihm mein Sitzsignal geben, würde er mit 100-prozentiger Sicherheit nur verwirrt gucken, wenn überhaupt, denn eine solche Situation haben wir noch nie geübt. Trotzdem kann Kurt in sehr vielen anderen Situationen und in vielen verschiedenen Erregungsstufen auf meine Hand- (und Wort-)signale achten und sie verstehen, weil wir eine lange gemeinsame, intensive Lernhistorie aufzuweisen haben.

Du musst jede einzelne Variante üben, um das Verhalten zu generalisieren.

Sitz! Sitz! Sitz! Sitz!

Auf eine Bekannte jedenfalls machte meine Minigeste und Kurts Einsatz großen Eindruck. Sie sagte: „Kann ich auch mal?“ Sie stand irgendwo in der Nähe von Kurt und gab ihm von dort irgendein Handzeichen. Dem verlieh sie verbal Nachdruck, indem sie Kurt mit stakkatoartigen Sitz-Sitz-Sitz-Salven bombardierte, so als hätte er ein Ohrenleiden. Kurt reagierte nicht mal. Die Bekannte war enttäuscht und meinte, na ja,

er sei doch nicht so gut erzogen, wie sie dachte. Dabei hatte Kurt sich einfach nur nicht angesprochen gefühlt.
Als Laie war der Bekannten nicht bewusst, welche klassischen Anfängerfehler sie gemacht hatte. Es reicht natürlich nicht aus, irgendwo in der Nähe des Hundes zu stehen, einen schlaffen Finger in die Luft zu heben und „Sitzsitzsitz“ zu schreien.

Gewusst wie

Zunächst einmal kannte Kurt sie gar nicht. Er wusste also nicht, ob und was er von dieser Person zu erwarten hatte. Zudem war er nicht auf Empfang – für niemanden. In diesem Moment lag er auf dem Boden und schleckte sich. Die Bekannte hätte ihn mit seinem Namen ansprechen und sich ihm freundlich annähern können (s. Kapitel „Annäherung an den Hund“), um überhaupt mal seine Aufmerksamkeit zu erregen. Sie hätte außerdem wissen müssen, dass es die eine Sache ist, einen stehenden Hund zum Sitzen zu animieren, eine ganz andere, einen liegenden Hund zu einem Sitz zu bewegen. Denn der liegende Hund muss erstmal aufstehen, um sich hinzusetzen, oder – schwieriger – sich aus dem Liegen in ein Sitz nach oben zu drücken. Genau genommen sind das zwei verschiedene Übungen, die gesondert geübt werden müssen. Die meisten Hunde lernen sehr viel intensiver, sich aus dem Stehen hinzusetzen. Es kommt natürlich auch immer auf die Größe des Hundes an. Kleine Hunde können sich sehr viel schneller und wendiger in alle möglichen Richtungen bewegen als ein großer Hund.

Für einen Hund, der steht, ist es meistens viel einfacher, sich auf Signal hinzusetzen, als wenn er sich aus dem Liegen ins Sitz begeben soll.

Viele Fußfallen

Kurt kennt beide Übungen, den Klassiker kann er allerdings prompter und zuverlässiger ausführen, weil ich den viel häufiger verstärkt habe. Für die andere Variante braucht sein Gehirn ein wenig länger, um sie umzusetzen, sie mag auch körperlich anstrengender sein, was für die Bekannte bedeutet hätte, mehr Geduld haben zu müssen oder erst einmal als Hilfestellung das Sichtzeichen für „Aufstehen" zu geben, um gleich im Anschluss das Zeichen für „Sitzen" folgen zu lassen.
Zu guter Letzt war ihre Körpersprache sehr zögerlich und ausladend. Sie stand ziemlich unentschlossen herum und beugte sich dann immer weiter in seine Richtung vor. Die Chancen, Kurt zum Mitmachen zu aktivieren, waren gleich null.
An meinem Beispiel erkennst du, dass eine Menge Faktoren zu berücksichtigen sind, wenn du erfolgreich mit deinem Hund interagieren möchtest, und tatsächlich viele kleine und große körpersprachliche Fußfallen lauern, die über Erfolg und Misserfolg einer Übung entscheiden.

SIGNALEINFÜHRUNG

Ein eindeutiges, immer gleiches und vor allem freundliches Sichtzeichen ist auf jeden Fall hilfreich und gut im Hundetraining und fast wichtiger als ein (freundliches) Wortsignal. Ich habe oben ja schon erwähnt, dass Hunde über Sichtsignale viel leichter lernen können als über Wortsignale.

NEUES SIGNAL VOR ALTEM

Da viele Menschen die Regeln der Signaleinführung aber nicht kennen, wissen sie auch nicht, dass es ratsam ist, einen neuen Trick oder ein Verhalten, das unter Signal gestellt werden soll, immer erst mit einem Sichtzeichen aufzubauen – ohne dass überhaupt ein Wort gesprochen wird. Erst wenn der Hund das neue Verhalten auf Sichtzeichen zuverlässig ausführen kann (z. B. 10-mal von 10 Versuchen), macht es Sinn, das Wort einzuführen. Hierbei gilt immer die einfache Regel: neues Signal vor altem. Man sagt das Wort, wartet ein Sekündchen und lässt dann das bereits gut bekannte Handsignal folgen. Auf diese Weise verhindert man eine Vermischung von Hand- und Wortsignal, die sogenannte Überschattung, und hat beides säuberlich getrennt. Der Hund verknüpft das neue Wortsignal mit der Bedeutung und lernt zudem zwei separate Signale mit gleicher Bedeutung kennen.
Das hat Vorteile: Wenn er seinen Menschen nicht sehen kann, weil der sich zum Beispiel in einem anderen Raum aufhält, kann er ihn immer noch hören. Und wenn er seinen Menschen zwar sehen, aber nicht hören kann, weil er zu weit weg ist, kann das Sichtsignal helfen, um eine Message zu senden.

FRÖHLICHES RATESPIEL

Vermischt man hingegen beide Signale und nutzt beide Signale gleichzeitig oder mal so/mal so – was in der Praxis durchaus sehr häufig vorkommt –, wird der Hund immer Probleme haben, die Signale auseinanderzuhalten. Er wird das gewünschte Verhalten nicht sehr zuverlässig ausführen können, die Signale bleiben zu schwach, um in allen erdenklichen Situationen gut zu funktionieren. Da die Übung zudem mehr einem fröhlichen Ratespiel gleichkommt, besteht immer die Gefahr, dass der Hund früher oder später frustriert aufgeben wird. Er wird sich abwenden, schnüffeln gehen oder auf-

Wird ein neuer Trick aufgebaut, solltest du mit einem Handzeichen starten, ohne ein Wort zu benutzen, um eine Verschattung zu vermeiden.

geregt am Menschen hochspringen und/oder bellen. Der denkt dann wieder: „Was für ein sturer Sack“, und gelangt zu der Überzeugung, dass sein Hund nicht kooperieren will. Möglicherweise wird er daraufhin schlecht gelaunt körpersprachlich bedrohlicher auftreten, um den Hund ins gewünschte Verhalten zu zwingen. Was für ein riesiges, unnötiges Missverständnis!
Wenn du nicht sicher bist, wie gut dein Hund deine Sicht- und Wortsignale wirklich versteht, kannst du einen einfachen Test machen.

AUFGABE

1. Stell dich locker, nicht voll frontal, sondern leicht seitlich vor deinen Hund und nimm deine Arme hinter den Rücken. Steh gerade und beug dich nicht über ihn. Schau ihn freundlich an, indem du ihm nicht in die Augen starrst, sondern eher auf den Boden vor ihn schaust, lächle und gib ihm dein Wortsignal, zum Beispiel für „Sitzen“. Was macht er?
2. Stell dich locker, nicht voll frontal, sondern leicht seitlich vor deinen Hund und lasse deine Arme locker hängen. Steh gerade und beug dich nicht über ihn. Schau ihn freundlich an, indem du ihm nicht in die Augen starrst, sondern eher auf den Boden vor ihn schaust, lächle, sag nichts und gib ihm dein Sichtsignal, zum Beispiel für „Sitzen“. Was macht er?
3. Wiederhole die Übungen ein paarmal und notiere dir die Ergebnisse. Wie gut versteht dein Hund deine separaten Signale wirklich?

Belohne erfolgreiche Ausführungen, um das Verhalten zu verstärken, also lohnenswert zu machen.

KOMBISIGNALE

Niemals ist es zum Beispiel nur der Zeigefinger, der eine Botschaft sendet. Denn es kommt darauf an, wie hoch er gehalten wird, ob du dabei stehst, sitzt oder liegst, wohin du schaust, wo sich dein Hund dabei befindet und wie weit er von dir entfernt ist: Steht er vor dir, neben oder hinter dir? Ist er weiter weg? Wir alle senden Kombisignale, Signale, die nur in Kombination mit unserem individuellen Gesamtkörper-Display auch eine bestimmte Bedeutung bekommen. Nimmst du Teile davon heraus und kombinierst sie mit anderen Signalen, haben sie vielleicht keine Bedeutung mehr oder eine ganz andere. Es kommt also immer auf dein Gesamtausdrucksverhalten an. Dein Hund wird deine individuellen Kombisignale mit der Zeit lernen einzuordnen.

BEISPIEL

Mein Hund und ich gehen spazieren. Er läuft vor, bleibt stehen und wartet auf mich. Wenn ich nun meine Arme seitlich ausbreite, während ich mich ihm weiter nähere, bedeutet das für ihn das Gleiche, als würde ich sagen: „Lauf!" Er dreht sich dann in Laufrichtung und läuft eine Weile weiter, bis sich das Ritual wiederholt.
Das Ganze funktioniert nicht, wenn ich stehen bleibe und nur die Arme ausbreite. Diese Kombination von Signalen hat für ihn keine Bedeutung und würde ihn verwirren. Das Kombisignal „In die Hocke gehen und die Arme ausbreiten" hat hingegen eine ganz andere Bedeutung, nämlich: „Komm zu mir!"

Wegtreiben und Anziehen

Denken wir an die Geometrie der Körpersprache (s. a. Kapitel „Die Geometrie der Körpersprache"), ist „Arme ausbreiten" eine

Das Signal „breite Arme" hat in Kombination mit dem restlichen Körperdisplay unterschiedliche Bedeutungen.

seitliche Bewegung, sie gehört also in die eher einladende Kategorie „nach hinten/unten". Weitergehen, also sich auf den Hund zubewegen, ist hingegen eine Bewegung nach vorne, die naturgemäß ausladend wirken könnte. In diesem Kontext jedoch sendet das Kombisignal trotzdem eine einladende und fröhliche Botschaft, da ich zwar die Distanz zum Hund verringere, ihn dabei aber nicht bedränge oder seine Individualdistanz unterschreite und zudem lächle und meine Bewegungen weich und locker sind. Dennoch wirkt die Regel: Die Dynamik der Bewegung nach vorne in Kombination mit der Distanzverringerung bringt den Hund dazu, sich von mir zu entfernen, es treibt ihn weg.
Anders ist es, wenn ich statisch in die Hocke gehe und die Arme ausbreite: ein Kombisignal, das durchweg in die Kategorie „nach hinten/unten" gehört. Ich mache mich klein und einladend. Damit „ziehe" ich den Hund in meine Richtung: Er läuft zu mir.
Es ist also wichtig, dass dir bewusst ist, dass es niemals nur ein Körperteil ist, das mit deinem Hund kommuniziert. Gerade in Vorbereitung deines Trainings ist das Wissen hierüber eine wichtige Voraussetzung, um effizient trainieren zu können. Wenn dein Ausdrucksverhalten ständig variiert, wirst du es deinem Hund sehr schwer machen, dich schnell und in deinem Sinne zu verstehen.

Aufgabe

Beobachte dich beim nächsten Gassigang selbst: Welche Kombisignale benutzt du? Welche Gesten und Bewegungen nutzt du, um deinem Hund Botschaften zu senden? Gibt es versteckte Kombisignale, die dir bis dato gar nicht bewusst waren? Nutzt du eher nach vorne/oben-Kombinationen oder nach hinten/unten?

SITZ UND PLATZ

Es sind wirklich die Klassiker beim Sitz- und Platz-Training, in die uns unser Ausdrucksverhalten immer wieder tappen lässt. Ich bin sicher, du hast beides schon beobachtet:

KLASSIKER 1

Im besten Fall ist der Hund aufmerksam und schaut seinen Menschen an, doch er setzt sich nicht bzw. legt sich nicht auf das eben gegebene Signal hin. Während der Mensch in Dauerschleife, mit wachsender Ungeduld in der Stimme, „Sitz, Sitz, Sitz“ bzw. „Platz, Platz, Platz“ sagt, tritt er mit erhobenem Zeigefinger oder dem Handsignal für „Platz“ immer näher auf den Hund zu und beugt sich über ihn. Der Hund setzt sich bzw. legt sich nun äußerst widerwillig und zögerlich ins Platz.

01

02

03

04

Je näher du vor deinem Hund stehst in Kombination mit anderem ausladenden Ausdrucksverhalten, desto bedrohlicher wirkst du. Es kann sein, dass sich dein Hund nun aus Angst und Unwohlsein hinsetzt. Maylie schaut zur Seite, um dem unangenehmen Druck zu entgehen.

An der Körpersprache des Hundes erkennt man, dass Camillo das Tätscheln nicht als belohnend empfindet. Er harrt (ungern) aus, aber sein voriges Verhalten (Sitzen) wird so nicht verstärkt, sondern eher geschwächt.

KLASSIKER 2

Der Mensch steht gerade vor dem Hund und gibt das Sichtsignal für Sitz oder Platz. Der Hund setzt sich/macht Platz. Zur „Belohnung“ beugt sich der Mensch über den Hund und tätschelt ihm den Kopf.
Ich weiß nicht, wie oft ich das Bild des sich über den Hund beugenden Menschen schon gesehen habe. In meinen Trainings, im Alltag während des Autofahrens im Stadtverkehr, beim Gassi. Egal ob alt oder jung: Es ist fast so, als wäre diese unselige Körperhaltung fest in uns Menschen einprogrammiert. Der meistbenutzte und -wiederholte Satz in meinen Trainings heißt: „Steh mal gerade.“ Wir haben einen solchen Drang, uns frontal über unsere Hunde zu beugen, dass es sehr schwierig ist, diesen Automatismus aufzulösen, selbst dann noch, wenn er uns bewusst geworden ist. Der Grund hierfür liegt sicherlich auch darin begründet, dass es aus unserer Sicht ja funktioniert, denn was eigentlich passiert hier im Detail? Denk an die Geometrie der Körpersprache (s. Kapitel „Die Geometrie der Körpersprache“).

Oft zu beobachten bei Kindern und gegenüber Hunden unsicheren Menschen: Besonders steifes und steiles Tätscheln des Kopfes, meist, um der feuchten Schnauze oder Nase des Hundes auszuweichen. Camillo findet es nicht angenehm, er blinzelt.

DRUCK ERZEUGEN

Im Klassiker 1 erhöhst du – weil dein Hund auf dein Handsignal nicht reagiert hat – körpersprachlich den Druck, du zeigst Bewegungen nach vorne/oben: Du wirst bedrohlich, indem du dich dem Hund näherst (→), seine Individualdistanz unterschreitest und die Bedrohung noch intensivierst, dadurch, dass du dich von oben über ihn beugst (→) und ihm in die Augen starrst. Viele Hunde geben diesem Druck nach und setzen oder legen sich. Du verbuchst dies als Erfolg. Und weil die lerntheoretischen Gesetze ja auch bei uns Menschen funktionieren, wirst du dich nun öfter bedrohlich zeigen (ohne es vielleicht so zu meinen oder überhaupt zu merken), da es ja funktioniert hat. Du gehst also immer ein paar Schritte auf deinen Hund zu, ohne dir bewusst zu sein, dass das für deinen Hund höchst unangenehm sein kann.

Wohlwollend gemeint: Auch Kinder lernen häufig, den Kopf des Hundes zur Belohnung zu tätscheln. Kurt findet es uncool: Er blinzelt, legt die Ohren an und verlagert seinen Körperschwerpunkt weg von Oskar. Damit bittet er um mehr Distanz.

VERHALTEN SCHWÄCHEN

Doch zu welchem Preis? Dein Hund wird sich definitiv nicht gerne setzen, denn sein Verhalten wird erzwungen. Die Folge ist, dass du sein Verhalten nicht verstärkst, sondern schwächst: Er wird sich freiwillig weniger oft hinsetzen, da er es nicht mit positiven, sondern mit negativen Gefühlen verknüpft hat. Er wird häufiger Meideverhalten zeigen.

ANFASSEN BEFRIEDIGT

Im Klassiker 2 macht der Hund alles richtig, und du zunächst auch, deine Bewegungen gehen eher nach hinten/unten: Du gibst das Sitzsignal einmal, klar und eindeutig, du stehst gerade, locker, vielleicht sogar nicht ganz frontal, etwas seitlich (←) vor deinem Hund, dein Blick ist weich und auf den Boden (↓) vor deinem Hund gerichtet. Dein Hund setzt sich. Doch jetzt folgt eine Zwangshandlung, die selbst Kinder schon sehr häufig verinnerlicht haben: Du beugst dich über deinen Hund (→), um seinen Kopf zu tätscheln. Dieses Verhalten scheint für uns Menschen enorm selbstbelohnend zu sein, denn wir tun es immer und immer wieder – ohne uns dessen überhaupt bewusst zu sein. Zum einen meinen wir es gut, wir wollen dem Hund durch Körperkontakt zeigen, dass er etwas richtig gemacht hat. Zum anderen möchten wir unseren Hund anfassen, weil wir haptisch veranlagt sind und uns das Anfassen guttut und befriedigt.

MERKE

Den Kopf deines Hundes zu tätscheln belohnt dich und tut dir gut, nicht aber deinem Hund. Die allermeisten Hunde hassen Kopftätscheleien. Du belohnst damit nicht das Verhalten, das du ja eigentlich verstärken möchtest.

So ist es viel freundlicher: Oskar krault die Seite des Kopfes, was Kurt super findet. Eine kleine Veränderung der Körpersprache mit großem Effekt. Er muss sich nun nicht mehr weglehnen, um der Situation zu entgehen.

UNWOHLSEIN UND DEESKALATION

Denn was kannst du beobachten, wenn du bewusst hinschaust? Zeichen des Unwohlseins und der Deeskalation! Vielleicht schaut dein Hund weg oder dreht seinen Kopf zur Seite; er springt auf; oder sein Körperschwerpunkt lehnt sich von dir weg, er züngelt, blinzelt, schwänzelt; oder er gähnt und schüttelt sich zum Stressabbau und vor Erleichterung, wenn sich deine Hand wieder entfernt. Und weil er sich nicht belohnt, sondern, im Gegenteil, sich bestraft fühlt, greift die Lernregel: Er wird sich in Zukunft freiwillig seltener hinsetzen, er wird länger brauchen, zögern, er wird sich mal setzen, mal nicht, wenn du es von ihm verlangst, denn er findet Sitzen auf Signal unangenehm und blöd. Das wiederum ist unbewusst für dich der Grund, dass du daraufhin vielleicht mit Klassiker 1 konterst und mehr Druck aufbaust. Denn schließlich soll er sich ja setzen, wenn du es sagst. Oder nicht?

MOTIVIEREN DURCH FREUNDLICHKEIT

Ja, er sollte sich setzen oder hinlegen, aber nicht um jeden Preis. Das geht eindeutig viel besser! Wenn du deinem Hund nämlich durch eine freundliche, einladende Körpersprache Lust darauf machst, dass Sitz oder Platz tolle Tricks sind, die auszuführen sich immer lohnen, dann wirst du bei ihm positive Emotionen auslösen und seine Motivation, mitzumachen, enorm erhöhen.

DO

- Sprich deinen Hund an oder nutze ein Aufmerksamkeitssignal.
- Stehe etwa 50 cm entfernt vom Hund, etwas seitlich, gerade, weich.
- Schaue leicht am Hund vorbei oder vor ihn auf den Boden.
- Lächle! Das hilft immer.
- Bleib du selbst und authentisch.
- Bleib ruhig.
- Nimm deinen Zeigefinger nach oben (für den Verhaltensaufbau kannst du zwei bis dreimal ein Leckerchen zwischen Daumen und Zeigefinger einklemmen, bevor du es wieder ausschleichst) und hebe deinen Arm vor deinen Körper, sodass der Hund dem Finger mit den Augen folgt und dadurch automatisch sein Körperschwerpunkt nach hinten/unten geht und er sich setzt.

Über die richtige Position der Hand kann der Schwerpunkt des Hundes nach hinten bewegt werden, sodass er sich setzt und auch sitzenbleibt, bis er das Leckerchen bekommen hat.

Ein häufiger Trainingsfehler, vor allem bei sehr kleinen Hunden, ist eine zu hohe Hand beim Füttern, die den Hund zum Aufstehen verleitet.

Wenn ein Hund gerne sitzt, weil es sich lohnt, wird er das Verhalten öfter zeigen.

- Bleib geduldig, halte die Stellung, gib deinem Hund ein wenig Zeit, bis er sich setzt. Das Gehirn wird auf Hochtouren arbeiten.
- Belohne ihn so, dass er sitzen bleiben oder im Platz bleiben kann, ohne dass du dich über ihn beugst oder tätschelst. Wenn du mit Leckerlis belohnen möchtest, gehst du also leicht seitlich und möglichst aufrecht in die Knie.
- Gib zuletzt dein Auflösesignal (z. B. „ok") und mache dabei eine einladende Handbewegung, die ihn animiert aufzustehen, damit er weiß, dass er sich jetzt wieder frei bewegen kann.

Und was, wenn es trotzdem nicht funktioniert?

Dann steckt irgendwo der Wurm drin! Dann erzeugst du, ohne es zu merken, unbewusst vielleicht doch zu viel Druck. Oder es hapert am Training bzw. an deinem Management, an den Trainingsvoraussetzungen. Deine Körpersprache kann noch so ein- oder ausladend sein, wenn dein Hund deine Signale nicht versteht oder noch nicht gelernt hat, zum Beispiel unter Ablenkung auf Signal Sitz oder Platz zu machen, wirst du scheitern. Und bitte vergiss auch nicht, dass sich dein Hund, der vielleicht sonst sehr zuverlässig deine Signale ausführt, nun aber plötzlich zögert oder sich verweigert, möglicherweise körperlich unwohl fühlen könnte; hinter seinem Verhalten können Schmerzen und Krankheiten stecken. Dann solltest du unbedingt zunächst beim Tierarzt oder beim Physiotherapeuten seinen Gesundheitszustand überprüfen lassen.

TIPP

Brich die Übung ab, gehe ein paar Schritte herum, atme ruhig, konzentriere dich, repetiere im Kopf noch einmal die Abläufe und mache dir dein Ziel bewusst. Dann fange nochmal von vorne an. Filme dich bei einer Übung, hier kannst du sehr schnell sehen, ob irgendwo Fehlerchen stecken.

SITZ-BLEIB

Bei der Übung „Sitz-Bleib" lauern gleich einige Fußfallen, in die wir wirklich gerne hineintappen. Vielleicht hast du die folgende Szene auch schon einmal beobachtet oder selbst erlebt:

WENN KOPF UND MOTORIK NOCH STREITEN

Der Hund hat bereits ein bisschen verstanden, was Bleiben bedeutet. Er sitzt gespannt und harrt der Dinge, die da kommen werden. Der Mensch aber hat die Abläufe noch nicht automatisiert, das heißt, er muss sich immer noch auf die einzelnen Schritte, die er ausführen muss, schwer konzentrieren – denn er will ja alles richtig machen. Und das kann man deutlich erkennen: Er wird bei der Ausführung langsamer als normal, verhaltener, seine Bewegungen werden steifer, weniger fließend, und sein Blick zum Hund wird – vor lauter Anspannung – eher bohrend. Es passiert häufig, dass er dabei zunächst viel zu nah beim Hund steht, sich über ihn beugt und sein Handsignal zu dicht über dem Kopf des Hundes hält.
Wir sehen in Summe also wenig einladende Körpersprachsignale, die alle eher in die Richtung „nach vorne/oben" gehen. Natürlich hat das nicht unerheblichen Einfluss auf das Wohlbefinden des Hundes und damit auch auf sein Verhalten. Er wird sich nicht wirklich gut fühlen und innerlich bereits überlegen, ob er sich der Situation nicht lieber entziehen soll.

HÖCHSTE KONZENTRATION

Geht der Mensch jetzt die ersten Schritte rückwärts, tut er das ganz häufig nicht so, wie er in einer normalen Situation rückwärtsgehen würde, sondern er fängt an, spannungsgeladen und nach vorne gebeugt zu schleichen. Dabei schaut er seinen Hund fast flehend an, bloß im Sitz-Bleib zu bleiben. An der Stelle muss ich immer schmunzeln.

Wenn Abläufe noch nicht verinnerlicht wurden, wirken Bewegungen oft erst einmal steif und hölzern. Marla reagiert mit angespanntem Züngeln ...

Denn spätestens jetzt wird der Hund mindestens aufstehen und womöglich seinem Menschen freudig oder sogar deeskalierend (züngelnd, blinzelnd und/oder schwänzelnd) hinterherlaufen. Schließlich geht der weg, nimmt einerseits durch die zunehmende Distanz Druck aus der Situation, guckt andererseits aber auch so grummelig oder zumindest anders als sonst und weniger freundlich. Vielleicht kann er ihn ja dadurch wieder freundlich stimmen? Der Hund merkt, dass sich sein Mensch gerade nicht normal verhält. Das verunsichert ihn und verführt ihn zum – aus der Sicht seines Menschen – falschen Verhalten.

Wenn es gut läuft, werden wir oft nachlässig in der Ausführung unserer Signale.

DIE NACHLÄSSIGKEITSFALLE

Sollte hingegen bis dahin alles super klappen, der Hund bleibt tatsächlich sitzen, während sich der Mensch zurückbewegt, werden wir schnell übermütig: Ha! Es klappt! Wir tappen ungebremst in die Nachlässigkeitsfallen: Wir gehen ehrgeizig doch den einen Schritt zu weit zurück, der für den Hund noch zu schwierig zu schaffen ist und/oder wir ändern unsere Körpersprache, werden jetzt vielleicht weicher, lockerer – also authentischer – und geben zudem unser Sichtsignal auf: Wir nehmen den Arm, der bisher dem Hund das Signal fürs Bleiben gesendet hat, herunter. Das heißt, wir verändern massiv die Trainingskriterien für den Hund und machen sie viel schwerer, erwarten aber gleichzeitig, dass er weiterhin weiß, was wir von ihm wollen. Der Hund – der bei einer Bleib-Übung, je länger sie dauert, sowieso häufig gespannt wie eine Feder ist – wird das in der Regel aber nicht schaffen, es sei denn, wir sind im Training wirklich bereits im Profimodus angekommen und haben ihm beigebracht, dass er konzentriert Bleiben kann, egal, welche Bewegungen wir machen. Aber in dem Moment wäre es ja auch kein Ratespiel mehr, sondern kleinschrittig trainiertes Verhalten und klare Kommunikation.

Doch damit senden wir eine neue Information, die den Hund zum „Fehler" verleitet.

... auf den körpersprachlichen Druck und mit Erleichterung auf sein Nachlassen.

Was tun?

Wie also kannst du dich körpersprachlich verhalten, damit der Hund das Ziel, im Sitz zu bleiben, erreichen kann? Nutze eine einladende Körpersprache, auch wenn dir das zunächst schwerfallen sollte, weil du dich so konzentrieren musst. Vielleicht übst du die Abläufe erst einmal ohne Hund oder mit einem Stoffhund.

Überleg dir, welches Sichtsignal du benutzen möchtest. Da Sitz-Bleib nichts anderes ist als Sitzen auf Zeit plus Erhöhung der Distanz, kannst du auch dein normales Sitzsignal nutzen, wenn du am Ende ein Auflösesignal benutzt, das deinem Hund die Info gibt, wann er wieder aufstehen darf. Manche nutzen eine flache Hand, die mit der Handfläche nach vorne und oben gestreckt wird, weil sie so über eine weitere Distanz immer noch gut zu sehen ist. Die Voraussetzung für diese Übung ist, dass dein Hund unbedingt schon zuverlässig in verschiedenen Situationen auf Signal sitzen kann.

Laki hat gelernt, auf ein Handsignal so lange zu bleiben, wie das Signal gezeigt wird.

DO

— Sprich deinen Hund an. Sag seinen Namen oder nutze ein Aufmerksamkeitssignal.
— Steh etwa 50 cm entfernt vom ihm, leicht seitlich.
— Schaue etwas an ihm vorbei oder vor ihn auf den Boden.
— Lächle! Das hilft immer.
— Bleib du selbst und authentisch.
— Bleib ruhig, bewege dich langsam.
— Nimm deine Hand bzw. deinen Arm für dein Bleib-Signal nach oben. Halte den Arm hoch, strecke deinen Zeigefinger deutlich nach oben oder zeige deinem Hund deine ganze Handfläche, indem du die Finger lang machst.
— Gehe nun einen oder mehrere Schritte (je nach Trainingsstand deines Hundes!) aufrecht, mit entschlossener Körperspannung, zurück.
— Gehe nicht zu schnell oder hektisch, damit du deinen Hund nicht zum Aufstehen verleitest. Schleich nicht mit vornübergebeugtem Oberkörper, damit du ihn nicht „mitziehst“.
— Wenn du dich deinem Hund wieder näherst, bleib ebenso locker und gerade, gehe, wie du immer gehst, nicht zu schnell, nicht hektisch, aber nähere dich unbedingt im leichten Bogen und bleib gerade, beuge dich nicht vor.
— Nimm deinen Arm erst herunter, wenn du wieder bei ihm angekommen bist.
— Jetzt belohne ihn fürstlich für die tolle Leistung, sodass er am besten noch sitzen bleiben kann und – immer noch – ohne dich über ihn zu beugen, ohne ihn zu tätscheln, zu wuscheln oder den Torso zu klopfen! Das allein wird in der ersten Zeit schon eine Herausforderung werden, denn dieser Automatismus steckt in vielen von uns ganz fest drin!
— Achte darauf, dass du dein Handsignal bei jeder einzelnen Ausführung immer

Bleiben bei (hoher) Ablenkung, wie hier mit anderen, sehr nahen Hunden, muss gut geübt werden.

gleich zeigst. Verzichte auf körpersprachliche Ratespiele!

— Zuletzt gib dein Auflösesignal (also z. B. „ok") und mache dabei eine einladende Handbewegung, die ihn animiert aufzustehen, damit er weiß, dass er sich jetzt wieder frei bewegen darf.

Was kann schief gehen?

DON´T Dein Hund steht auf und läuft hinter dir her.

Wenn das passiert, dann schimpfe nicht mit ihm, schaue ihn nicht böse an oder erhöhe den Druck, denn das ist nicht nötig! Überprüfe stattdessen deine Körpersprache und deine Trainingskriterien.
Meistens klappt es nämlich nicht, weil wir Menschen zu schnell und zu anspruchsvoll vorgehen und denken, „Ach, wenn der einen Meter Entfernung schafft, dann schafft er auch 10 Meter." Nein, tut er nicht. Training muss immer kleinschrittig und auf den einzelnen Hund abgestimmt sein, sodass jedes Zwischenziel locker erreicht werden kann. Und manchmal sind Zwischenziele so winzig, dass du zum Beispiel nur einen Fuß nach hinten und dann sofort wieder nach vorne ziehst und den Hund fürs minikurze Bleiben ohne Verzögerung belohnst, um zu verhindern, dass er aufsteht und damit in den Fehler läuft. Ansonsten erzeugst du schnell Frust, weil du immer wieder korrigierend einschreiten musst, und damit wird die Freude und die Lust an der Übung mit Sicherheit verdorben. Dein Hund wird im schlimmsten Fall nicht mehr mitmachen wollen und versuchen, sich der Situation zu entziehen.

Auflösesignale sind eindeutige Informationen für den Hund, um zu wissen, wie lange ein Verhalten ausgeführt werden soll.

Lockeres Leinegehen ist für Mensch und Hund sehr oft eine große Herausforderung.

FUSSGEHEN UND LEINENFÜHRIGKEIT

Die für den Hund allerschwierigste Aufgabe, nämlich so viel Impulskontrolle und Konzentration aufzubringen, um das vollkommen unhundliche Verhalten zu zeigen, eine Weile an lockerer Leine zu gehen und nicht verlockenden Gerüchen und anderen Reizen nachzugeben, ist auch für den Menschen eine echte Herausforderung. Denn wenn er keinen genauen Plan hat, wenn er sich hier nicht gut koordiniert und seine Bewegungen und Abläufe nicht wirklich gut flutschen, dann wird die Aufgabe für den Hund noch schwieriger bis gar nicht zu meistern sein.

EINE SCHWIERIGE AUFGABE

Lockeres Leinegehen bedeutet nicht, einfach „Fuß“ zu befehligen und zu erwarten, dass der Hund den Rest macht. Wenn ich manchmal Hundebesitzer und -besitzerinnen beobachte, glaube ich, dass sie aber genau das denken. Schön wär's, doch bisher ist nicht bekannt, dass das Signal „Fuß“ mit der Muttermilch vermittelt würde. Das müssen wir selbst tun, leider, und das ist harte Arbeit.

Lockeres Leinegehen bedeutet, dem Hund beizubringen, dass eine lockere Leine oder sogar neben dem Menschen zu gehen lohnenswert sein kann. Und auch hier gehört eine freundliche, einladende und vor allem organisierte, konzentrierte Körpersprache dazu. Wenn du es richtig machen möchtest, bedeutet dies perfektes Leinenhandling, Belohnungen im sofortigen Zugriff und den Klicker – falls du ihn nutzt – einsatzbereit zu halten und gleichzeitig zudem auch noch ein Dauerhandsignal (z. B. einen an der Seite nach unten hängenden Zeigefinger oder eine Faust vor dem Bauch) dem Hund deutlich sichtbar zu zeigen. Was wir aber stattdessen häufig machen, ist, wild mit den Händen herumzufuchteln, Kekse aus Versehen herunterfallen zu lassen oder den Hund in der Schleppleine zu verknoten. Das kann nicht klappen!

Vorbereitung ist alles. Bevor du loslegst, überlege dir deine Abläufe, damit sie gut flutschen.

ACHTE ALSO AUF FOLGENDES:

DO

- Entscheide dich, mit welcher Hand du die Leine halten und mit welcher Hand du füttern möchtest. Es sollte der Einfachheit halber für dich, aber auch für deinen Hund, zunächst immer gleich sein.
- Entscheide dich, ob du eine Lockere-Leine-Übung oder eine Fuß-Übung machen möchtest. Davon hängt die Leinenlänge ab. Sowohl bei der einen wie bei der anderen Übung sollte die Leinenlänge immer gleich bleiben. Das macht es dem Hund leichter, da er so schneller lernen kann, wann er das Leinenende erreicht hat. Lege die Schleppleine auf die richtige Länge in Schlaufen und halte sie gut fest. Sie darf nicht auch nur einen Zentimeter länger werden, sollte der Hund in die Leine ziehen (was bei der Übung nicht passieren sollte, weil du ja gut vorbereitet bist).
- Geht es dir nur um eine lockere Leine, dann lass die Leine lang genug, damit die Chance auf eine lockere Leine größer wird. Aus rein physikalischen Gründen ist es logisch, dass, je kürzer die Leine gehalten wird, es umso anspruchsvoller für den Hund wird, da die Leine natürlich schneller spannt. Je länger die Leine, desto mehr Zeit hast du, das „schöne" Verhalten zu verstärken – ein großer Vorteil für dich (und für deinen Hund).
- Lässt du die Leine lang, dann achte unbedingt darauf, dass sich dein Hund darin nicht verwickelt. Er wird vielleicht hin und her laufen, was die Gefahr, dass sich ein Beinchen verheddert, ansteigen lässt. Verheddern und ihn jedes Mal daraus befreien zu müssen – sich ihm zu nähern, an der Leine an ihn heranzuhangeln, womöglich über ihn zu beugen (was du nicht tun solltest), ohne Vorwarnung (was du auch nicht tun solltest) an ihm herumzufummeln –, kann ein starker Stressor sein, da wir gemäß der nach vorne/oben-Regel nicht sehr einladend agieren. Das ist für dein Training nicht zuträglich.
- Wenn du „neben dir an lockerer Leine gehen" üben möchtest, dann lass die Leine nicht allzu lang. Hol sie ein, bis sie zwar durchhängt, aber nicht den Boden berührt. So vermeidest du, dass dein Hund darüberstolpert. Halte die Leine genau so fest, damit du den Hund schnell, direkt neben dir an durchhängender Leine, belohnen kannst. Je porscheähnlicher dein Hund ist, desto schneller musst auch du agieren!
- Wenn du im Beginner-Level häufig und schnell füttern musst, kann es sinnvoll und einfacher sein, eine mit Leckerlis gefüllte Faust vor den Bauch zu halten, die du schnell (ohne den Hund zu erschrecken) herunternehmen kannst, um ihm ein Leckerli gleich neben dir am Bein direkt ins Maul zu füttern. Achte darauf, dass keine Leckerlis herunterfallen, da sie euren Übungsfluss und seine Konzentration enorm stören würden. Die (in späteren Trainingsschritten leere) Faust vor dem Bauch könnte so auch automatisch zum Sichtsignal für „neben dir an lockerer Leine gehen" werden.

Eine lockere Leine kannst du immer wieder belohnen, indem du zum Beispiel ein Leckerli neben oder hinter dich wirfst, das dein Hund suchen gehen darf.

- Wenn dein Hund bereits Grundwissen hat, er schon ein paar Meter an lockerer Leine laufen kann und deine Belohnungsfrequenz nicht mehr so hoch sein muss, reicht es natürlich aus, jedes Mal in den Futterbeutel zu greifen, um ein Leckerli herauszuholen. Achte auch hier darauf, dass du nicht erst am Beutel herumfingern musst, sondern dass die Öffnung groß genug für schnelles Hineingreifen ist.
- Achte auf dein Tempo: Wenn du im Stechschritt voranmarschierst, wird die Dynamik der Bewegung die Erregung deines Hundes ansteigen lassen (s. a. Kapitel „Dynamik"). Eine hohe Erregung aber macht Impulskontrolle und Konzentration sehr schwierig. Je langsamer und je entspannter du gehst, desto eher wird er es schaffen, nicht in die Leine zu preschen.
- Wenn du markern möchtest (du also einen Klicker verwendest), du aber mit dem ganzen Handling zunächst überfordert bist, lass den Marker erst einmal weg oder – besser noch – benutze ein Markerwort, dann hast du eine Hand frei. Wenn du schnell genug füttern kannst, weil sich dein Hund in deiner unmittelbaren Nähe aufhält, musst du bei dieser Übung nicht unbedingt klicken. Alternativ kannst du auch einen Ringklicker benutzen. Durch das Tragen am Finger erlangst du maximale und bequeme Flexibilität, denn du hast weiterhin die Hände frei für Leine, Leckerlis und Co.

Es gibt viele Gründe, warum ein Hund an der Leine zerrt. Häufig liegt es an mangelndem Training, einer zu hohen Erregung und Stress. Du musst die Gründe beseitigen, damit das Lockere-Leine-Training erfolgreich wird.

Im Gehirn des Junghundes herrscht hormoneller Ausnahmezustand. Konzentration ist schwierig. Schönes und vor allem langes Leinegehen noch viel mehr. Deshalb gestalte deine Übungen zunächst kurz und ablenkungsfrei.

WAS KANN SCHIEFGEHEN?

Leider eine ganze Menge. Die Ursache für einen an der Leine zerrenden Hund ist nicht unbedingt nur, dass er so hervorragend gelernt hat, zu zerren, um weiterzukommen, und somit mangelndes Training, sondern sehr häufig auch ein Symptom für Stress, Angst und Unwohlsein. Voraussetzung dafür, dass dein Hund lernen kann, an lockerer Leine zu gehen, ist, dass er überhaupt fähig ist, sich zu konzentrieren.

Zum Beispiel, wenn
— er zu aufgeregt ist,
— alles neu und ungewohnt ist,
— er jung ist oder in der Jugendentwicklung steckt,
— er im Jagdmodus ist,
— er, unkastriert, eine läufige Hündin riecht,
— sich dringend verrichten muss,
— zu viele Reize (andere Hunde, Katzen, Menschen, Lärm, Gerüche) um ihn herum ablenken und stören,
— er krank ist,
— seine Impulskontrolle erschöpft ist,
— er Angst hat,
— er sich unwohl fühlt und angespannt ist,

... dann vergiss die Übung!
Auch wenn du noch so sehr willst, dein Hund ist in dieser Situation niemals in der Lage, an lockerer Leine zu gehen. Die optimale Lernumgebung und die mentalen Grundvorrausetzungen müssen zwingend erst einmal geschaffen werden.
Lockeres Leinegehen ist von sehr vielen Faktoren abhängig und über freundliche Trainingswerkzeuge und regelmäßiges, wohldosiertes Üben gut erreichbar. Deine optimale, einladende Körpersprache ist hier nur ein Puzzleteilchen von sehr vielen, wie zum Beispiel:

DO
— kleinschrittige Zwischenziele zu definieren;
— verschiedene Leinenführigkeitsspiele;
— die intermediäre Brücke als temporäre Hilfe (ein Intervall-Signal, das dem Hund sagt: „Jawoll, mach weiter so, du machst das genau richtig“);
— zunächst immer die gleichen, ganz kurzen Strecken zum Üben zu gehen;
— ein Leinenendesignal als Hilfe einzusetzen, das dem Hund das Leinenende ankündigt und ihm die Information liefert: „Achtung, geh langsamer, sonst

spannt die Leine und dann kommst du nicht weiter, weil ich dann stehen bleibe oder wir sogar zurückgehen werden";

— das Verhindern von unerwünschten Verhaltensketten (wie dem Klassiker: Hund prescht in die Leine – Mensch bleibt stehen, bis der Hund zurückkommt – Hund wird belohnt – Weitergehen – Hund läuft vor – Hund prescht in die Leine – Mensch bleibt stehen, bis der Hund zurückkommt – Hund wird belohnt ...) durch Verstärkung des korrekten Verhaltens (ausnahmsloses Belohnen der lockeren Leine und des konstanten Tempos).

Worauf du verzichten solltest:

DON'T

— Herumzappeln mit Händen, ungenaue Signale.

— Einfach mal loslegen, ohne den Hund zu konzentrieren, hektische, fahrige, schnelle Bewegungen.

— Leine mal links, mal rechts, unterschiedliche Leinenpositionen, Leine auf dem Boden schleifen lassen.

— Ständig wechselnde Leinenlängen, zu kurze Leine (< 3 Meter), Flexileine (sind für Lockeres-Leine-Training ungeeignet, weil sie immer auf Zug sind, die Leine muss aber leicht durchhängen).

— Der Hund verheddert sich in der Leine und muss entwirrt werden.

— Gar keine / zu seltene Belohnungen oder zu schnelles, hektisches Belohnen (was den Hund einschüchtern kann).

— Ungeduld, Schimpfen, Genervt sein, Anschreien, bedrohliche Gesten.

— Kekse fallen lassen, Kekse nach vorne werfen, was den Hund dazu verleitet, in die Leine zu springen bzw. nach vorne zu laufen.

— Schnelles Gehen, Hektik und Stechschritt erhöht die Erregung des Hundes und ist kontraproduktiv.

— Stehen bleiben, an der Leine rucken, den Hund bestrafen für In-die-Leine-Preschen oder schneller werden.

Wenn du das Gefühl hast, dass deine Abläufe stimmen und du auf die Punkte achtest, die ich beschrieben habe, es aber trotzdem nicht funktioniert oder du im Training nicht weiterkommst, solltest du dir professionelle Hilfe suchen, um schneller voranzukommen und herauszufinden, welche Gründe wirklich dahinterstecken, warum es nicht klappen will. Ungehorsam oder „Chefallüren" deines Hundes sind es nicht, so viel kann ich dir versprechen.

Wenn du im Training nicht weiterkommst, lass mal eine Trainerin/einen Trainer auf deine Abläufe schauen. Meist sind es nur kleine Schrauben, an denen gedreht werden muss.

RÜCKRUF

Ein gut funktionierender Rückruf ist die Grundlage dafür, dass du deinen Hund sorgenfrei unangeleint laufen lassen kannst, denn du weißt ja, dass du ihn jederzeit abrufen kannst.

VERHALTEN VERSTÄRKEN

Damit das gut klappt, brauchst du neben deinem Rückrufsignal, das der Hund bombenfest mit Zurückkommen verknüpft hat, zum einen natürlich richtig gute Belohnungen, denn auch hier möchtest du ja wieder Verhalten verstärken: Dein Hund soll jedes Mal, wenn du ihn rufst, kommen und nicht nur jedes zweite oder dritte Mal. Du solltest wissen, was für deinen Hund Motivation genug ist, zu dir zu kommen: Vielleicht eine Handvoll Leckerlis, die du zum Suchen in die Wiese streust; das 10-Leckerli-Spiel (im Internet findest du Anleitungen hierzu) oder ein anderes Jagdkontrollspiel; die Leberwursttube, an der er richtig lange schlecken kann; ein Such-, Renn- oder Zerrspiel; eine Schnüffelaufgabe; eine mit Futter gefüllte Klopapierrolle zum Zerlegen; nach dem Abruf aus dem Spiel wieder ins Spiel zurückschicken ... Deiner Fantasie sind hier keine Grenzen gesetzt. Wichtig ist, dass sich dein Hund belohnt fühlt, nicht du. Und wichtig ist auch, dass die Belohnung nach Möglichkeit zu seinem in dieser Situation vorherrschenden Bedürfnis passt: Will er fressen? Braucht er Bewegung? Oder möchte er Sozialkontakte und Spiel? Nur so verstärkst du auch Verhalten, also das Zurückkommen, in diesem Fall.

DER HASE IM PFEFFER

Was du hier zum anderen unbedingt einsetzen musst, ist eine ausnehmend freundliche, einladende Körpersprache – und genau da liegt der Hase im Pfeffer begraben, wenn man sich mal anschaut, wie Hunde sehr häufig zurückbefehligt werden: Da wird

Es ist simpel: Wenn der Hund gelernt hat, ...

gebrüllt, gemeckert, geschrien, sich vorgebeugt, auf den Hund zugerannt, und wenn er dann tatsächlich doch kommt (was ich echt mutig finde bei so viel Bedrohung und Unmut), wird erst recht weitergeschimpft oder sogar heruntergedrückt, oder es passiert noch Schlimmeres, weil die Menschen mit der Performance des Hundes nicht zufrieden sind. Manche Menschen regen sich schon auf, wenn der Hund im Bogen auf sie zuläuft statt frontal, was in Wahrheit natürlich ein sehr höfliches Verhalten ist (s. a. Kapitel „Annäherung an den Hund").

ZURÜCKKOMMEN WIRD BELOHNT – IMMER!

Die Lösung ist: Dein Hund muss sich jederzeit sicher sein können, dass, wenn er zurückkommt, er ausschließlich positive Konsequenzen zu erwarten hat. Ja, auch wenn er nicht sofort kommt. Auch, wenn er einen Haken schlägt und nicht gleich auf deinen Füßen steht. Auch wenn er sich nicht auf der Stelle vom anderen Hund, vom Kaninchenbau oder von der Fährte lösen kann. Wenn dein Hund auch nur den leisesten Verdacht hat, dass nach dem Zurückkommen etwas

... dass Zurückkommen immer lohnenswerter ist als das, was er gerade tut, wird er zurückkommen.

Marla weiß, dass sie immer zurückkommen kann, ohne Angst haben zu müssen. Auch dann, wenn sie sich Zeit lässt.

Unangenehmes passiert, dass er zum Beispiel ausgeschimpft wird, dass du grimmig guckst, dass er sofort angeleint wird und der Spaß vorbei ist, dass du dich ihm gegenüber in irgendeiner Form bedrohlich oder ängstigend verhältst oder du ihm einfach nur den Kopf tätschelst oder eine Belohnung überhaupt ausbleibt: Dann wird er niemals einen 100 Prozent zuverlässigen Rückruf lernen können. Versprochen! Er lernt nämlich, dass Zurückkommen nicht immer lohnenswert ist, und so wird er es – den Lerngesetzen folgend – verzögern oder vermeiden.

Es ist eigentlich ganz einfach: Je einladender du dich gemäß der nach hinten/unten Regel verhältst und je zuverlässiger und hochwertiger die Belohnungen sind, die du deinem Hund einladend präsentierst, sobald er wieder bei dir ist, desto besser wird dein Rückruf funktionieren.

Für dein Körpersprache-Training bedeutet das:

DO

— Bevor du deinen Hund abrufst, überleg dir am besten schon mal, wie du ihn belohnen möchtest, damit du schnell bist und zügig damit loslegen kannst.
— Steh gerade, aber nicht wie ein Zinnsoldat, sondern etwas seitlich, weich und locker. Oder geh am besten in die Hocke und breite die Arme einladend aus. Beug dich auf keinen Fall nach vorne, während du ihn rufst. Das tun nämlich die meisten Menschen intuitiv, ohne zu wissen, dass sie ihren Hund damit eher auf Abstand halten (→).
— Gehe oder – schlimmer noch – renne nicht auf ihn zu, während du abrufst! Bleib, wo du bist, oder gehe eher ein paar wenige Schritte zurück. Das bringt etwas mehr Dynamik in die Sache, gibt deinem Hund mehr Raum und „zieht" ihn zu dir.
— Starr ihn nicht an, schau leicht an ihm vorbei.

— Lächle! Sei locker, fröhlich und motivierend!
— Während du ihn rufst oder pfeifst, bleib bei ruhigen und weichen Bewegungen. Vermeide Hektik!
— Und wenn er dann freudig bei dir auf den Füßen steht: Freu dich! Lob ihn so, dass er sich wirklich belohnt fühlt, und präsentiere ihm gleichzeitig seine Superduperbelohnung! Die darf gerne eine halbe Minute oder länger andauern oder sollte wirklich sehr hochwertig sein. Also speise ihn nicht einfach schnell mit dem gleichen ollen Leckerli ab, das er eh schon andauernd bekommt – womöglich sein normales Futter. Du darfst Menschenessen (Schnitzelstücke, Wurst, Käse, Tortellini, Leberkäse etc.) einsetzen. Das finden Hunde sehr oft richtig, richtig toll. Du darfst natürlich auch andere Belohnungen einsetzen. Einzige Bedingung: Dein Hund muss sich belohnt fühlen!

MERKE
Nochmals, ich kann es nicht oft genug wiederholen: Beug dich nicht über deinen Hund! Und: Wuschle oder tätschle ihm auf gar keinen Fall den Kopf, nachdem er zu dir gekommen ist. Verzichte am besten ganz darauf, ihn anzufassen.

Ein Klassiker: Nach-vorne-Beugen während des Abrufens wirkt bedrohlich und kann den Hund hemmen. Wir sehen, dass auch Marla mit einem Abwenden des Kopfes reagiert, je näher sie kommt: Sie fühlt sich nicht zu 100 Prozent wohl – obwohl sie großes Vertrauen zu ihrem Menschen hat.

Nicht anfassen

Die meisten Hunde mögen draußen nicht gerne angefasst werden, dafür sind sie viel zu aufgeregt und zappelig – vor allem nach dem Zurückrennen, einer sehr dynamischen Bewegung.

In meinen Trainings sehe ich jedoch genau dies sehr häufig:

DON´T Der Hund kommt freudig zurückgelaufen, der Mensch beugt sich über den Hund, schiebt einen Keks in die Schnauze und tätschelt ihm dreimal den Kopf. Das ist nicht belohnend! Im Gegenteil, die Tätschel- und Wuschelei kann strafend wirken, auch wenn es wirklich nicht so gemeint ist. Sie kann Verhalten – das Zurückkommen – hemmen. Es besteht also die durchaus realistische Chance, dass der Hund beim nächsten Abruf nicht mehr so prompt und freudig angerannt kommt. Ein Fehler, der sich theoretisch sehr leicht vermeiden ließe, wenn dieser Ablauf in uns nicht so wahnsinnig fest automatisiert wäre! Den meisten Menschen fällt es besonders beim Rückruf – auch wenn sie es wirklich richtig machen wollen – wahnsinnig schwer, auf eine einladende Körpersprache zu achten.

Verstecken, damit der Hund schneller zurückkommt, baut auf Angst und kann Trennungsstress fördern. Das hat mit fairem Training nichts mehr zu tun.

Was kann schiefgehen?

Kommt dein Hund auf Abruf nicht zurück, dann überprüfe dich noch einmal selbst: Ganz oft ist es hier wirklich die ausladende Körpersprache, die den Hund davon abhält, prompt und schnell zu kommen. Wie stehst du? Beweg dich ruhig hin und her oder zurück (nicht verstecken!), sei fröhlich und einladend. Je statischer du stehst, desto unheimlicher ist das für deinen Hund.

Kein guter Plan

Versteck dich nicht! Damit baust du auf Angst, das ist unfair. Und da dein Hund sich daran gewöhnen wird, dass du irgendwann weg bist, wenn er nicht auf Abruf kommt, er aber eine gute Nase hat, wird er womöglich lernen, dass er dich nach seinen Abenteuern zur Belohnung auch noch suchen darf. Sehr selbstbelohnend! Also kein guter Plan.

Vielleicht hast du die Basics auch noch nicht gut generalisiert? Ruf deinen Hund immer nur dann zurück, wenn du 100 Euro darauf verwettest, dass er auch kommt. Ansonsten machst du dir dein noch nicht austrainiertes Rückrufsignal kaputt, denn dein Hund lernt, dass dein Signal bedeutet: „Komm oder komm nicht." Also kommt er oder er kommt nicht. Er macht das, was du ihm beibringst.

WAS TUN?

Wenn der Hund also zum Beispiel Abrufen von Wild noch nicht in kleinen Schritten gelernt hat, dann ruf ihn nicht, wenn er gerade das Reh jagt. Bleib dort stehen, wo du stehst, gib ihm ein paar Sekunden Zeit zur Bedürfnisbefriedigung (im besten Fall hetzt er „nur", aber tötet nicht), und ruf ihn dann oder warte einfach, bis er wieder da ist.

Einen Hund vom Jagen abzurufen ist die Königsdisziplin im Rückruftraining. Laki ist stark abgelenkt vom Rascheln eines Mäuschens. Der Rückruf würde hier vermutlich (noch) nicht funktionieren.

Bitte nicht falsch verstehen: Natürlich darf das gar nicht erst passieren, denn andere Tiere zu stressen und zu jagen ist nicht schick! Dennoch kommt es – wie wir ja alle wissen – beim ein oder anderen vor, und dann solltest du wenigstens wissen, wie du dich optimalerweise verhalten kannst. Eines hilft in diesem Fall ganz sicher nicht: Hektik, Hinterherlaufen, Kreischen, Drohen und dann, wenn der Hund wieder da ist: Bestrafen, ihn Herunterdrücken, auf den Rücken legen, Anschreien, Ignorieren und Ähnliches. Er lernt nur zwei Dinge: Erstens: Jagen macht trotzdem Spaß, denn Jagen ist extrem selbstbelohnend, es ist ein genetisch fixiertes Grundbedürfnis, das nicht weggestraft werden kann. Und zweitens: Zurückkommen lohnt sich definitiv nicht. Also wird er das nächste Mal – und er wird es wieder tun! – noch länger wegbleiben und die Strafe in Kauf nehmen.

Wann immer dein Hund zu dir zurückkommt: Bleib immer freundlich. Auch wenn es manchmal schwerfällt.

Cool bleiben

Also bleib cool. Und wenn er kommt: Bleib freundlich! Auch, wenn du wütend bist. Und du wirst wütend sein, denn das ist nur menschlich. Sag ihm: „Schön, dass du wieder da bist, das geht aber besser“, und leine ihn ruhig an. Und überleg dir vor allem, wie du das nächste Mal verhindern kannst, dass er wieder ausbüxt.

Wenn dein Hund nicht abrufbar ist, hilft nur Management: Leine ihn dort an, wo der Abruf nicht funktioniert. Oder meide diese Gegenden.

PFÖTCHEN, SCHÄM DICH & CO. – TRICKS

Für jeden einzelnen Trick (und Sitz, Platz, Bleib, Fuß und Zu mir sind auch nichts anderes als Tricks) gilt immer das Gleiche:

— Je kleinschrittiger du die Zwischenziele definierst, desto größer ist die Chance, dass dein Hund die Ziele auch erreicht und motiviert bleibt.
— Je eindeutiger du dich verhältst, desto besser und schneller versteht dich dein Hund.
— Je mehr du die nach hinten/unten-Regel beachtest, desto mehr Spaß hat dein Hund dabei, die Tricks zu lernen, die du ihm beibringen möchtest, und desto motivierter wird er sein, mitzumachen.

Für alle Tricks gilt immer: Je freundlicher und klarer deine Körpersprache, desto schneller wird dein Hund lernen und motiviert mitmachen.

In den vorigen Kapiteln hast du ja schon gelernt, auf was du körpersprachlich besonders achten musst. Im Grunde: Wenn du einmal verstanden hast, worauf es ankommt, wirst du merken, dass du das überall anwenden kannst. Und wenn du bei einem Trick bereits neue Bewegungsautomatismen entwickelt hast, die in Fleisch und Blut übergegangen sind, wird dir die Übertragung auf andere Tricks sehr leichtfallen.

Auch bei Tricks wie
— „Pfötchen" (Hund legt eine Pfote in deine Hand),
— dem Handtouch (Hund berührt mit der Nase deine Handfläche),
— „Schäm dich" (Hund legt die Pfote auf den eigenen Nasenrücken),
— „Twist" (Hund dreht sich im Kreis),
— „Hüpfen" (Hund springt hoch),
— „Peng!" (Hund fällt um und liegt regungslos auf dem Boden),
— „Pfoten auf" (Hund steht mit seinen Vorderpfoten auf einem Gegenstand oder lehnt am Baumstamm),
— „Hepp" (Hund springt mit allen vier Pfoten auf einen Gegenstand)
— etc.

gilt: Wähle eindeutige Hand- bzw. Kombisignale (s. a. Kapitel „Kombisignale"). Sei kreativ. Es passiert häufig, dass sich Sichtsignale sehr ähneln, sodass der Hund nicht wissen kann, welches Verhalten gerade gefragt ist.

Hunde verwechseln manchmal die Tricks, die sie ausführen sollen.

Meistens liegt es daran, dass die Handsignale des Menschen zu ähnlich ausgeführt werden.

EINDEUTIGE SIGNALE

Zum Beispiel beobachte ich öfter, dass Hunde den Trick „Pfötchen“ mit dem Handtouch verwechseln, weil das Sichtsignal für beide Tricks mit einer nach oben geöffneten Handfläche auf Brusthöhe des Hundes „hingenuschelt“ wird. Eindeutiger wird es sofort, wenn bei „Pfötchen“ eine schüsselförmige Handfläche in die Nähe der Pfote hingehalten und beim Handtouch eine weit geöffnete Handfläche unmittelbar auf Nasenhöhe angeboten wird. Je geübter der Hund, desto weiter weg kann die Hand gehalten werden.

Neues Signal vor altem. Wenn dein Hund das Handsignal verstanden hat und Verhalten zuverlässig ausführt, kannst du das Wortsignal einführen.

DO Es ist einfacher, Tricks in der Hocke – da, wo es Sinn macht – aufzubauen, bevor du im Stehen übst, vor allem bei kleinen Hunden. Das hat den Vorteil, dass du nicht in die Versuchung gerätst, dich über den Hund zu beugen und die Hocke per se, laut Geometrie der Körpersprache, sehr einladend und weniger fehleranfällig ist.
Achte dennoch auf genügend Abstand (etwa 50 Zentimeter), damit du Armfreiheit hast und nicht über dem Kopf des Hundes herumhantieren musst, und starre ihm nicht in die Augen, schaue in die Richtung oder auf die Gegenstände, auf die du seine Aufmerksamkeit lenken möchtest.

MINI-GESTEN

Manchmal sind es tatsächlich nur Mini-Gesten, die du verändern musst, um dem Hund erfolgreich zu vermitteln, was du möchtest. Es macht durchaus Sinn, dass du dich einmal filmst, um zu sehen, wie dein Körper spricht und wie das bei deinem Hund ankommt.
Erinnere dich auch an die Regeln der Signaleinführung (s. Kapitel „Signaleinführung“): Wenn dein Hund den Trick noch nicht erlernt hat, macht es keinen Sinn, ihn fünfmal hintereinander mit dem Wortsignal zu beschallen. Das Wortsignal führst du erst ein, wenn er das Verhalten auf dein Sichtsignal zuverlässig (10 von 10 Mal) ausführen kann.

Für viele Hunde ist Geschirr-Anziehen eine unangenehme bis ängstigende Prozedur.

GESCHIRR UND LEINE

Vielleicht kennt ihr das sogar selbst von eurem Hund: Bei nicht wenigen Hundebesitzerinnen und -besitzern artet Geschirr an- und ausziehen in einen täglichen Kampf aus. An- oder Ableinen ist mit einer großen Erregungslage bei vielen Hunden verbunden. Sobald das Geschirr gezückt wird oder der Mensch Anstalten macht, sich fürs Gassigehen zu richten, verkriechen sich viele Hunde unter dem Sofa oder rennen weg, in der Hoffnung, der Prozedur so aus dem Weg gehen zu können. Das ist sehr schade, sollten das doch eigentlich Zeichen sein, die Vorfreude erzeugen. Meist ist das Anziehen schwieriger umzusetzen als das Ausziehen, da der Hund ja erst einmal überhaupt in die Nähe des Menschen gebracht werden muss. Er muss also gelockt und bezirzt oder unter dem Sofa hervorgezerrt werden. Außerdem geht Ausziehen meist schneller und ist beim Hund mit dem Gefühl von Erleichterung verbunden, das unangenehme „Gedöns" am Körper endlich loszuwerden. Nicht wenige Hunde schütteln sich erst einmal kräftig, wenn Geschirr, Halsband oder auch Mantel und Pullover nicht mehr am Körper sind. Es ist natürlich kein Wunder, dass viele Hunde gegen das Anziehen – vor allem das des Geschirrs – echte Aversionen hegen. Körpersprachlich verhalten wir uns sehr bedrohlich:

DON'T Wir beugen uns im Stehen über den Hund, wir unterschreiten seine Wohlfühldistanz und fummeln über Kopf an ihm herum. Die Schnallen klicken laut am Ohr des Hundes. Vielleicht stöhnen wir beim Anziehen oder meckern, weil uns der Rücken weh tut oder der Verschluss nicht sofort zugehen will. Beim Halsbandanlegen würgen wir den Hund vielleicht ein wenig, da das Halsband meist eng anliegt, damit er nicht herausschlüpfen kann. Diese sehr ausladende Körpersprache sorgt dafür, dass der Hund sich bedroht, mindestens unwohl fühlt oder sogar große Angst hat.

HEKTIK SCHADET

Beim An- oder Ableinen sind wir häufig hektisch und unkoordiniert. Wir grapschen ins Geschirr oder ans Halsband ohne Vorankündigung, weil wir draußen zum Beispiel schnell sein müssen, da der Hund – je jünger, desto wahrscheinlicher – gleich wieder wegspringen will, weil er noch nicht gelernt hat, geduldig stehen zu bleiben, nur weil wir es sagen. Wir lassen die Schleppleine vielleicht neben dem Hund auf den Boden fallen, müssen die Öse finden und fummeln wieder an ihm herum, die Leine verwickelt sich derweil um die Beine, da der Hund herumzappelt.

ES WIRD NICHT BESSER VON ALLEIN

Es ist Wunschdenken zu glauben, dass es deinem Hund irgendwann nichts mehr ausmachen wird, weil er ja wissen muss, dass es „nur“ das Geschirr oder das Halsband ist und der unangenehme Moment schnell vorbei sein wird. So denken Hunde leider nicht. Natürlich lernen viele mit der Zeit, es auszuhalten. Aber wenn du die Körpersprache deines Hundes beobachtest, wirst du trotzdem Stressanzeichen finden. Du wirst merken, dass seine Erregung ansteigt (er wird zappeliger) oder er deeskalierende Signale sendet (z. B. Züngeln und Blinzeln), dass sich seine Furcht äußert durch Steiferwerden, Den-Kopf-Einziehen und Die-Ohren-Anlegen, und du wirst sehen, dass sich Erleichterung breitmacht (z. B. Schütteln), wenn die Prozedur vorbei ist.

Körpersprachlich sind wir beim Geschirr-Anziehen oder auch beim An- und Ableinen häufig – ungewollt – sehr ausladend oder sogar bedrohlich.

STRESS REDUZIEREN

Natürlich könnte man jetzt sagen: „Da muss er eben durch." Könnte man, ja. Wobei, wenn ich meinen Hund ein Leben lang mehrmals am Tag unter dem Sofa hervorziehen müsste als Vorbereitung für unsere Gassigänge, die Spaß machen und unsere Bindung und sein Vertrauen in mich stärken sollen, dann käme ich schon ins Grübeln. Und so manche Verhaltensauffälligkeit liegt im allgemeinen Stress begründet, dem der Hund tagtäglich ausgesetzt ist. Da es an dieser Stelle aber sehr einfach ist, Stress zu reduzieren, sich viel einladender zu benehmen und es viele Möglichkeiten gibt, das An- und Ausziehen sowie das An- und Ableinen angenehmer zu gestalten, steht einem fairen Umgang nichts im Wege.

DO Beim Anziehen stehst du im Idealfall neben ihm, beugst dich nicht über ihn und hältst ihm das Geschirr mit der Kopföffnung so hin, dass er freiwillig den Kopf durchstecken kann. Das sollte vorher natürlich kleinschrittig geübt werden. Wenn dein Hund heute Angst vor dem Geschirr hat, wird er nicht einfach seinen Kopf durchstecken, nur weil du dich plötzlich körpersprachlich einladend verhältst. Trainierst du das Anziehen aber in Minischritten und mit entsprechenden Belohnungen, kannst du ihm die Angst langsam nehmen. Es gibt gute Anleitungen im Internet, die auf positiver Verstärkung basieren und ohne Zwang auskommen.
Bei kleinen Hunden macht es Sinn, in die Hocke zu gehen, oder dem Hund

Beim Geschirr anziehen kannst du dich neben deinen Hund stellen oder ihn auf einem Sessel anziehen, ohne dich über ihn zu beugen. Das macht es weit weniger bedrohlich.

Bevor du deinen Hund ableinst, beobachte, wohin er schaut. In diese Richtung wird er rennen. Es macht Sinn zu warten, bis ablenkende Reize verschwunden sind.

Anleinen muss nicht bedeuten, dass der Spaß vorbei ist. Für Marla könnte Balltragen eine tolle Belohnung für An-der-Leine-Gehen werden. Etwas zu tragen wirkt auf viele Hunde beruhigend.

beizubringen, dass er auf dem Sessel oder einem höheren, stabilen und nicht rutschenden Gegenstand angezogen wird, falls du körperlich nicht in der Lage bist, in die Hocke zu gehen. Auch hier ist deiner Fantasie keine Grenze gesetzt.
Versuche auch beim Ausziehen eher seitlich zu stehen oder lass deinen Hund auf den Sessel hüpfen, damit du einfacher ans Geschirr oder ans Halsband kommst.

RITUALE ETABLIEREN HILFT

Beim An- und Ableinen macht es natürlich auch Sinn, seitlich neben dem Hund zu stehen und etwas in die Knie zu gehen, um nicht ausladend zu wirken.
Obwohl wir täglich an- und ableinen und mein Hund Kurt die Prozedur gut kennt, erhält er danach trotzdem immer noch sehr häufig ein Leckerli oder seinen geliebten Ball zwischen die Zähne, denn für mich ist das Ritual so wertvoll, dass ich es nicht schwächen möchte. Es hat Vorteile: Beim Ableinen springt er nicht einfach weg gemäß dem Motto „Freiheit!", sondern bleibt erstmal bei mir, bis er sein Leckerchen und sein Frei-Signal bekommt. Er ist also ansprechbar und zunächst mehr auf mich konzentriert als auf irgendwelche anderen Reize im Umfeld. Würde ich ihn angesichts einer Katze ableinen, würde das selbstredend nicht funktionieren. Die Reize im Umfeld sollte man im Blick behalten und auch, wohin der Hund gerade schaut. Denn dorthin wird er rennen.

DER SPASS IST NICHT VORBEI

Das Anleinen zu versüßen ist sehr hilfreich, damit der Hund nicht lernt, dass mit der Leine der Spaß vorbei ist, und er dem Anleinen entgehen möchte. Es macht Sinn, Anleinen und das An-der-Leine-Gehen attraktiv und lohnenswert zu gestalten. Den Ball zu tragen ist für Kurt so selbstbelohnend, dass er das Anleinritual sehr begrüßt und an vielen Stellen schon von sich aus wartet. Balltragen dient häufig der Beruhigung.

GEWUSST WIE: RICHTIG BELOHNEN

KLICKEN & BELOHNEN

Wer Markertraining – also das Arbeiten mit dem Klicker oder einem Markerwort – kennt, weiß, wie schwierig der folgende, eigentlich höchst simple Ablauf ist:

DO Signal → Hund führt Verhalten aus → Klick → in die Leckerlitasche greifen → Belohnen

Aus lerntheoretischer Sicht ist diese Abfolge superwichtig, um ein möglichst optimales Lernergebnis beim Hund zu erzielen. Denn im Training hast du ja ein Ziel: Du möchtest ein bestimmtes Verhalten beim Hund fördern, also verstärken. Du musst ihn also schnell belohnen, weil er das „schöne" Verhalten häufiger zeigen soll.

Liest man diese Anleitung, denkt man: „Easy! Nichts einfacher als das." In der Praxis sieht das häufig aber anders aus: Wie oft hast du dich schon dabei erwischt, dass deine Hand im Beutel verschwindet, noch bevor du geklickt hast? Wie oft hast du schon Leckerlis oder ein Spielzeug in der Hand gehalten, noch bevor du geklickt hast? Und ganz suboptimal: Wie oft hast du womöglich schon Futter geworfen und erst dann geklickt? Oder geklickt und die Belohnung komplett vergessen?

MERKE
Der Marker kündigt eine Belohnung an – nicht mehr, nicht weniger.

01

KLICKER – WAS SOLL DAS?

Für die, die den Klicker nicht kennen, aber verstehen möchten, hier eine kurze Erklärung, was genau da eigentlich passiert: Der Klicker oder das Markerwort (= Markersignal) ist ein sogenannter sekundärer (erlernter) Verstärker, der einen primären (angeborenen) Verstärker ankündigt. Auf gut Deutsch heißt das: Ertönt der Klick oder das Wort, deren Bedeutungen der Hund natürlich zunächst erlernen muss, weiß er: „Yes! Jetzt kommt etwas richtig Cooles."

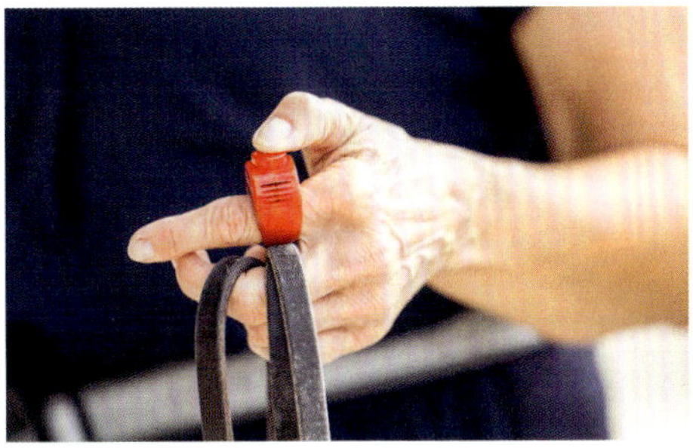

02

03

04 Die Abfolge beim Markertraining ist sehr wichtig, wenn Verhalten des Hundes verstärkt werden soll. Der Klick gibt dem Hund die Info: „Genau das war super, jetzt folgt etwas Schönes!“

Welche Belohnung auf den Klick folgt, ist egal. Hauptsache, du erfüllst ein Bedürfnis deines Hundes und er fühlt sich belohnt!

Zum Beispiel:
— Klick → Futter
— Klick → Spielen
— Klick → Rennen
— Klick → Schnüffeln
— Klick → Suchen
— Klick → Zergeln
— Klick → in den Wald gucken / scannen
— …

TIMING IST ALLES

Für den Menschen ist das Markersignal ein tolles Timing-Instrument, denn ganz oft sind wir viel zu langsam beim Belohnen, sodass wir das falsche Verhalten verstärken. Schnelles Belohnen zum richtigen Zeitpunkt ist aber das A und O im effektiven Training. Der Marker ermöglicht punktgenaues Markieren eines Verhaltens und somit u. a. auch, dem Hund in der Entfernung die Info zukommen zu lassen: „Hey, das war super, jetzt kommt was Tolles." Toll ist nicht nur Futter, wie du in der obigen Liste sehen kannst, sondern es kann zum Beispiel auch das Signal „Lauf weiter!" oder „Geh schnüffeln!" sein, wenn der Hund genau das sowieso gerade machen wollte, es also seinem Bedürfnis entspricht. Das Markersignal wird hauptsächlich dort angewendet, wo nicht sofort direkt und schnell belohnt werden kann, es verschafft dem Menschen ein bis zwei Sekündchen mehr Zeit. Vor allem da, wo er wirklich brutal schnell sein muss, um schönes Verhalten zu belohnen, weil sonst direkt nach dem schönen Verhalten weniger schönes Verhalten folgen würde. In diesen Fällen ist der Marker Gold wert. Je besser das Timing, desto effektiver das Training.

MERKE
Alles, was vor unerwünschtem Verhalten gezeigt wird, ist – aus der menschlichen Sicht – immer gutes Verhalten. Und das kannst du super verstärken. Mit dem Markersignal sogar punktgenau.

Beispiele für Verhalten, das du mit dem Klicker markieren kannst:
— Vor dem Bellen ist der Hund ruhig.
— Vor dem Fixieren des anderen Hundes schaut er ihn nur an.
— Vor dem Ziehen ist die Leine noch locker.
— Vor dem Hetzen nimmt der Hund den Kopf hoch und wittert.
— Vor dem Anspringen sind alle viere auf dem Boden.

Denn:
- Ruhig zu sein, statt zu bellen, ist super.
- Nur zu gucken, statt zu fixieren: Na klar, klasse!
- Eine lockere Leine, statt zu ziehen: Perfekt!
- Den Kopf hochzunehmen und zu wittern: Das ist tausendmal besser als zu hetzen.
- Alle viere auf dem Boden zu behalten, statt anzuspringen: Bingo!

VORFREUDE GENERIEREN

Für den Hund ist die Bedeutung des Markersignals weitreichender: Der Klick oder das Markerwort macht sich das Prinzip der klassischen Konditionierung zunutze, das bei allen Säugetieren gleich funktioniert: Ein neutraler Reiz (hier der Marker) erhält eine positive Bedeutung und wird im Gehirn des Hundes fest mit einer positiven Emotion verknüpft, weil nach jedem Marker etwas Schönes folgt. So wird also per se Vorfreude erzeugt, sobald der Hund den Marker hört. Ob die Belohnung – die zwingend erforderlich ist(!) – nach dem Marker Futter ist oder Rennen, Spielen, Zergeln, Buddeln oder iiiiiirgendetwas anderes, das das angeborene Bedürfnis deines Hundes (nicht dein eigenes!) in genau dieser Situation befriedigt, spielt dabei keine Rolle. Hauptsache, der

01

02

03 Schönes Verhalten nehmen wir zu oft für selbstverständlich. Wir reagieren immer erst dann, wenn der Hund einen vermeintlichen Fehler zeigt. Im Markertraining konzentrieren wir uns auf „schönes“ Verhalten und verstärken dieses.

Das Markersignal erzeugt im Gehirn des Hundes eine positive Grundemotion und ist ein Türöffner für Ansprechbar- und Trainierbarkeit.

Hund hat Freude und Spaß, dann wird er sein „schönes" Verhalten in verschiedenen Situationen wiederholen, weil er ja gerne wieder eine coole Belohnung erhalten würde. Und er wird sehr motiviert sein, mitzumachen, da das Markersignal Verheißung bedeutet und daher per se gute Laune und Freude erzeugt.

WICHTIGE REGEL

Es ist eine biologische Gesetzmäßigkeit, dass – damit das Prinzip funktioniert – eine bestimmte Reihenfolge im Ablauf einzuhalten ist. Und dazu gehört eben auch, dass erst geklickt (und zwar optimalerweise während der Hund das erwünschte Verhalten ausführt), dann in die Tasche mit den Belohnungen gegriffen und zuletzt die Belohnung (in welcher Form auch immer) präsentiert wird. Auf diese Weise wird das erwünschte Verhalten am effektivsten verstärkt.

Wenn ich meinen Kundinnen und Kunden den Ablauf erkläre und auch erläutere, warum das Sinn macht, ist jeder und jedem vom Kopf her das Prinzip schnell supersonnenklar. Es ist logisch und nachvollziehbar. Bis die Umsetzung aber flutscht und zu einem Automatismus wird, braucht das Menschengehirn manchmal eine Weile. Nicht nur Hunde brauchen Zeit beim Lernen. Wir auch. Und manchmal schleichen sich beim Üben dann falsche Abläufe ein, wie das klassische Hand-in-die-Tasche-Stecken, bevor der Hund das Verhalten ausführt.

DIE HAND IN DER TASCHE

DON´T Vom Prinzip ist die Hand in der Tasche, genau wie das Markersignal auch, nichts anderes als ein sekundärer Verstärker, der einen primären Verstärker (die Belohnung) ankündigt. Der große Unterschied ist aber, dass das Markersignal immer während oder unmittelbar nach dem erwünschten Verhalten gesetzt wird und der Hund damit die Information erhält, dass genau dieses Verhalten eine positive Konsequenz zur Folge haben wird. Die Hand in der Tasche aber verheißt bereits Belohnung, bevor der Hund überhaupt irgendein Verhalten ausführt, das der Mensch verstärken möchte. Er lernt also nicht das, was wir möchten, sondern nur, sich in der Nähe der Tasche aufzuhalten, weil sich das natürlich für ihn auszahlt. Es wird also das „falsche" Verhalten verstärkt, und weil wir das aber gar nicht wollen, sollte die Hand einfach locker am Körper herunterhängen, bis der Hund das gewünschte Verhalten gezeigt hat und der Klick erfolgt ist. Mein Standardspruch im Training neben „Steh gerade!" lautet: „Nimm die Hand aus der Tasche!"
Damit der Marker auch wirklich positive Emotionen auslöst, ist natürlich nicht nur wichtig, wann gemarkert wird, sondern auch, welche Belohnung folgt sowie wo und wie sie ausgeführt wird. Und hier kommt die Körpersprache wieder ins Spiel:

- Einladende Körpersprach-Displays (nach hinten/unten), tragen dazu bei, die Belohnung aufzupimpen und damit das Verhalten zu verstärken.
- Ausladende Körpersprach-Displays (nach vorne/oben), tragen dazu bei, die Belohnung zu schwächen und damit auch das Verhalten weniger zuverlässig auftreten zu lassen.

BEISPIEL

Du rufst deinen Hund zurück. Der kommt angerannt und stoppt vor deinen Füßen. Perfekt! Du klickst und kündigst damit die Belohnung an. Perfekt! Und jetzt „belohnst" du ihn, indem du dich über ihn beugst und ihm den Kopf tätschelst. Der Super-GAU. Und so ist dann auch das Resultat das Gegenteil dessen, was du erreichen wolltest.
Weil dein Hund deine Belohnung sogar als Strafe empfindet, hat das zur Folge, dass du dein Markersignal schwächst – vor allem, wenn das öfter vorkommt: Die positive Emotion wird nicht mehr so stark ausfallen, der Marker wird bedeutungsloser oder bekommt im schlimmsten Fall eine neue Bedeutung, nämlich, dass nach dem Klick etwas nicht so Schönes folgt. Das Markersignal wird gegenkonditioniert und mit einer negativen Emotion belegt. Es wird zur Ankündigung einer Strafe.
Dies hätte zur Folge, dass die Reaktion deines Hundes beim nächsten Rückruf weniger freudig ausfallen und sein Verhalten weniger prompt und weniger zuverlässig ausgeführt werden wird.
Und da du beim Markertraining ja nicht nur den Rückruf markerst, sondern jedes Verhalten, das du verstärken möchtest, damit der Marker ganz fest und generalisiert verknüpft wird, verliert er seine „Superkraft" und wird dein Training torpedieren.

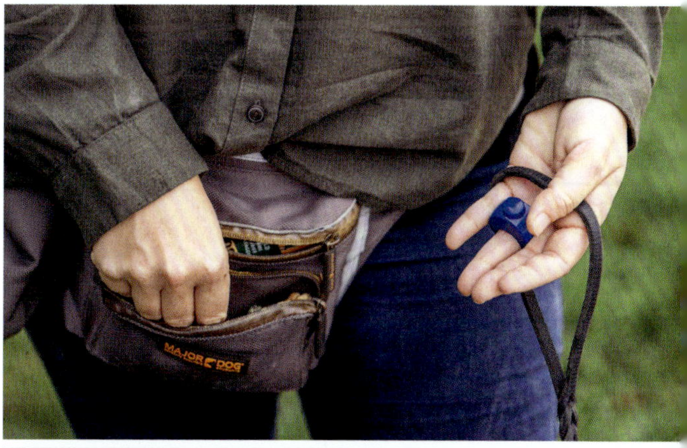

Mein Standardspruch im Training: „Nimm die Hand aus der Tasche!"

VERBALES LOB

Richtiges Lob kann als Belohnung super ankommen – vorausgesetzt, es gelingt dir, so zu loben, dass dein Hund die Belohnung auch als solche erkennt.
Hunde werden nicht geboren und wissen, was Lob bedeutet. Sie müssen es lernen. Verbalem Lob eine positive Bedeutung zu geben geht am einfachsten, indem du es immer zunächst mit primären Verstärkern, also angeborenen Belohnungen wie Futter, Berührung, Schnüffeln etc., verknüpfst. Es spricht überhaupt nichts dagegen, dass du deinen Hund immer lobst, während du ihm ein Leckerli gibst, ihn etwas suchen lässt oder andere Bedürfnisse stillst.

DO Gleichzeitig ist natürlich auch hier deine Körpersprache extrem wichtig.
Während du lobst, solltest du dich einladend gemäß der nach hinten/unten-Regel verhalten.

DON´T Beugst du dich gerade bedrohlich über deinen Hund und lobst ihn dabei, kann es passieren, dass deine lobenden Worte ihre Wirkung verfehlen. Wenn der Hund sich unwohl fühlt, wird Lob niemals als Belohnung ankommen.

DU BIST SO TOLL!

Lobe deinen Hund also so, dass er deutliche Zeichen von Freude und Aufmerksamkeit zeigt. „Fein“ und gleichzeitig ein ernstes, strenges Gesicht? Das geht eindeutig besser! „Du bist so super, du bist der Tollste, tüchtig, klasse, supercool, du machst das so gut“ in Dauerschleife und dabei ein Lächeln, echte Freude und Stolz in deinem Ausdrucksverhalten – und du wirst sehen, wie dein Hund wächst, seine Augen strahlen, er lacht und freudig mit der Rute wedelt.

FUTTERBELOHNUNG

Wie du ein Leckerli als Belohnung präsentierst, ist mit maßgebend für den Erfolg deines Trainings.
Kennst du diesen Klassiker?

DON´T Der Hund bekommt das Signal für Sitzen. Er setzt sich. Der Mensch steht frontal, sehr nah, vor dem Hund, beugt sich über ihn und steckt ihm ein Leckerli in den Mund. Wenn er seine „Belohnung“ nun noch mehr untergraben möchte, tätschelt er ihm danach noch ein paarmal den Kopf. Diese Variante habe ich bereits mehrfach an

Die Kunst des Lobens: Wenn sich dein Hund freut und förmlich wächst, wenn du ihn lobst, lobst du richtig. Zeig ihm beim Loben deine ehrliche Freude. Das wirkt!

Die Art, wie du Futter präsentierst, ist sehr wichtig dafür, ob sich dein Hund belohnt fühlt oder ob die Belohnung geschwächt wird.

Leckerlis zu werfen oder zu kullern ist eine supertolle Belohnung mit großem Spaßfaktor für alle Hunde.

anderer Stelle erwähnt. Ich würde mich auch nicht so oft wiederholen, wenn dieser unbewusste Automatismus nicht so unfassbar fest in fast allen Menschen stecken würde, die es noch nicht anders gelernt haben. Je öfter ich dieses Bild also heraufbeschwöre, desto bewusster wird es dir werden. Es wird dir ab sofort auffallen, wenn sich andere Menschen über einen Hund beugen. Und auch bei dir selbst wird diese Bewegung immer deutlicher ins Bewusstsein rücken.

DO Achte also unbedingt auf eine freundliche Körpersprache: Steh gerade, seitlich, locker, starre deinen Hund nicht an, fuchtele nicht herum, lächle, bleib fröhlich – du kennst das schon. Nähere dich im Bogen zum Füttern. Sehr einladend bist du, wenn du die Leckerlis weg von dir kullerst und auf Abstand bleibst. Vor allem ängstliche Hunde, die Menschen gegenüber scheu sind und ihre Nähe noch nicht gut aushalten können, bringt man damit nicht in den Konflikt, einerseits das Futterbröckchen haben zu wollen, andererseits aber Angst vor der Hand, die sie füttern will, zu haben oder sie zumindest als unangenehm zu empfinden.

FREIWILLIGE INTERAKTIONEN

Es ist ein Irrglaube zu denken, dass der Hund die Angst auf diese sehr stressende Art schnell los wird. Wirfst du den Keks aber mit ein wenig Gefühl (nicht zu weit und nicht zu unkoordiniert) weg von dir, wird er das Leckerli freudig suchen gehen und sich vielleicht danach sogar wieder zu dir umwenden, um mehr zu bekommen. Das ist toll! Er tritt mit dir freiwillig in Interaktion und lernt ganz nebenbei, dass von dir nichts Schlimmes zu erwarten ist. Mit der Zeit wird er sich trauen, näher an dich heranzukommen. So baust du Vertrauen auf und erzwingst es nicht.

MERKE
Wenn du dich ausladend beim Füttern verhältst, wirst du deine Futterbelohnung schmälern. Du wirst so kein Verhalten verstärken und im Training nur langsam vorankommen.

SPIEL

Viele Menschen möchten ihre Hunde mit Spiel belohnen. Dagegen ist natürlich nichts einzuwenden, wenn man ein paar Dinge berücksichtigt.
Spielen ist kein primärer Verstärker, also kein angeborenes Verhalten. Die genetische Veranlagung hat zwar jeder Hund, aber das Verhalten „Spielen“ muss zunächst erlernt werden. Bevor du also deinen Hund über Spiel belohnen kannst, musst du es ihm beibringen.

SPIELEN MUSS GELERNT WERDEN

Bei Hunden aus dem Auslandstierschutz kann man sehr häufig beobachten, dass sie zum einen Spielen nie gelernt haben und gar nicht wissen, was sie zum Beispiel mit einem Ball anstellen sollen, und zum anderen vielleicht auch gar nicht spielen wollen, selbst wenn sie es könnten.
Wenn du deinen Hund über Spiel belohnen möchtest, gibt es also bestimmte Grundvoraussetzungen, die erfüllt sein müssen.

> **MERKE**
> Wer Angst hat, wer sich unsicher fühlt, wer kein Vertrauen hat, wer krank ist oder Schmerzen hat, spielt nicht.

WAS IST SPIEL?

Die Frage ist zunächst, was „Spiel“ überhaupt bedeutet. Das muss jeder für sich herausfinden. Meist verstehen die Menschen darunter, mit einem Spielzeug zu zergeln, es hin und her zu bewegen, es zu werfen, den Hund lauern zu lassen, mit ihm herumzutollen oder anderes.
Doch wie es so ist mit Spielen: Nicht alle Spiele sind für alle Hunde geeignet. Hunde spielen sehr individuell und haben ihre eigenen Vorlieben.
Du musst also auch zunächst herausfinden, womit dein Hund gerne spielt und wie sein Spielverhalten aussieht. Meiner zum Beispiel findet Zergeln völlig uninteressant, weil er hauptsächlich Spielzeuge auszugeben gelernt hat, also brauche ich damit gar nicht erst zu kommen. Andere Hunde mögen körperliche

Spielen muss gelernt werden. Nicht alle Hunde haben Spaß am Spiel. Und was ist überhaupt Spiel?

Camillo kommt aus dem Auslandstierschutz und hat Spielen nie gelernt.

Spiele gerne und haben nichts gegen Bodychecking, andere finden körperloses Spielen besser und beenden eine Spielsequenz sofort, sobald sie angerempelt werden.

SPIELEN DAUERT

Verhalten mit Spiel zu belohnen bedeutet, zeitlich lange belohnen zu müssen. Futterbelohnungen sind kurze, schnelle Belohnungen. Über Futter kannst du sehr schnell Belohnungshistorien aufbauen. Innerhalb einer Minute zum Beispiel kannst du die gleiche Übung mehrfach wiederholen und ebenso oft belohnen, indem du ihm ein Leckerli in den Mund schiebst oder es auf den Boden kullern lässt. In dieser Minute erhält er mehrfach die Information, welches Verhalten lohnenswert ist. Er wird es schnell erlernt haben.

Spielen jedoch bedeutet, sich Zeit zu lassen. Du kannst nicht zwei Sekunden spielen und das Spielzeug dann wegpacken, denn das würde deinen Hund massiv frustrieren. Und Frust und Belohnung schließen sich natürlich aus. Du solltest also mindestens 30 Sekunden spielen, besser länger. Es liegt in der Natur der Sache, dass die Trainingssequenz sehr viel länger dauern wird bzw. du weniger Wiederholungen machen wirst. Das hat Einfluss auf die Verstärkungsfrequenz.

Du solltest also bei jeder Übung genau überlegen, was dein Trainingsziel ist, wie du am effektivsten dorthin kommen kannst und welches für deinen Hund die passende Belohnung in genau dieser Situation sein könnte.

Zergeln ist eine beliebte Form von Spiel. Doch nicht alle Hunde zergeln gern.

Spiel als Belohnung sollte lange dauern. Ein Spiel, das nach zwei Sekunden aufhört, erzeugt mehr Frust als Spaß.

Nach jeder aufregenden Spielsequenz kannst du eine kleine Entspannung einbauen, um die Erregung deines Hundes herunterzufahren.

SPIEL ANKÜNDIGEN

Wenn du spielst, kündige es am besten vorher an („Play", s. a. Kapitel "Superwaffe verbale Ankündigungen"), damit sich dein Hund nicht über deine plötzlichen schnellen Bewegungen erschreckt und er auch nicht in Futtererwartung sein muss. Das wäre wieder belohnungsschmälernd und sogar frustrierend.

ERREGUNG HERUNTERFAHREN

Achte unbedingt darauf, dass du deinem Hund nach jeder Spielsequenz hilfst, seine hohe Erregung zu senken, damit er auch hier keinen Frust schieben muss und natürlich auch weiter konzentriert mitarbeiten kann. Ich beobachte oft, dass Spiel über Strafe abgebrochen wird. Das Spielzeug wird einfach so weggepackt oder der Hund wird gezwungen, das Spielzeug auszugeben oder herzubringen.

Missverständnis: Apportieren ist nicht unbedingt belohnend, sondern für viele Hunde erstmal Arbeit, die belohnt werden sollte.

APPORTIEREN IST ARBEIT

Apportieren und vor allem Ausgeben sind zunächst mal keine Belohnungen, sondern Arbeit; Tricks, die der Hund erst lernen muss und die belohnt werden sollten, damit er Spaß daran hat. Das neigen die Menschen häufig zu verwechseln.
Wenn dein Hund das Spielzeug nach dem Spiel also einfach liegen lässt bzw. er das Spiel beendet (und das ist vollkommen in Ordnung, das darf er!), dann gehst du hin und sammelst es ruhig ein oder lässt es einfach dort liegen. Zwing ihn nicht, es dir zu bringen, denn damit minderst du deine Spielbelohnung massiv und machst sie weit weniger wertvoll.

LASS IHM DAS SPIELZEUG

Wenn dein Hund das Spielzeug aus der hohen Erregung heraus nicht ausgeben möchte, dann lass es ihm doch einfach und zieh nicht daran! Zug erzeugt Gegenzug und wird von deinem Hund möglicherweise als cooles Zergelspiel interpretiert. Lass es einfach vorsichtig los und überlasse deinem Hund die

Entscheidung, es vielleicht noch eine Weile herumzutragen oder darauf herumzukauen, das ist prima. Tragen und Darauf-Herumkauen hat nämlich beruhigende Wirkung und ist selbstregulierend. Die meisten Hunde lassen das Spielzeug nach einer Weile fallen, vor allem, wenn sie merken, dass die Interaktion vorbei ist, du es loslässt oder ein paar Schritte weggehst und kein Interesse mehr daran zeigst. Dann kannst du es immer noch in aller Ruhe einsammeln.

DON´T Es kommt ebenso vor, dass der Hund im Verlauf des Spiels zu wild wird, sehr stark hochfährt und dann anfängt, den Menschen anzuspringen oder in Arme und Beine zu hapsen. Die Konsequenz ist dann häufig, dass er zurückgestoßen oder ausgeschimpft wird, was wiederum zur Folge hat, dass er noch wilder wird, weil er nicht weiß, wie er sich selbst nach unten regulieren soll. Das müssen wir ihm beibringen – damit die Belohnung „Spiel" auch belohnend bleibt.

DO Um deinen Hund schnell herunterzufahren, solltest du selbst immer Ruhe ausstrahlen, langsame Bewegungen machen, beruhigend mit ihm sprechen, Entspannungsübungen einlegen oder – und das ist tatsächlich am einfachsten – ein paar Leckerlis in die Wiese streuen, sodass dein Hund suchen gehen und dabei herunterfahren kann. Schnüffeln und Fressen ist immer eine gute Cool-down-Übung, was nicht zuletzt daran liegt, dass hierbei Glückshormone – Endorphine – ausgeschüttet werden. Anders als Dopamin wirken Endorphine nicht suchterzeugend, sondern befriedigend.

BLEIB EINLADEND

Spiel ist Dynamik. Achte darauf, dass du in deinen gerne auch temporär wilden Bewegungen trotzdem einladend bleibst und ihn nicht erschreckst. Alle Bewegungen im Sinne der nach hinten/unten-Regel sind förderlich und werden für gute Stimmung bei deinem Hund sorgen. Also renne mit ihm oder im Bogen, aber nicht frontal auf ihn zu, beug dich nicht über ihn, starre ihn nicht an, verhalte dich nicht unabsichtlich bedrohlich. Gerne darfst du beim Spielen auch loben, lachen und dich anderweitig freudig lautäußern. Stille bei wilden Bewegungen kann unheimlich wirken, vor allem, wenn dein Hund gewöhnt ist, dass du mit ihm sprichst.

Wenn du das Spiel beendest, dann überlasse deinem Hund das Spielzeug. Nimm es ihm nicht weg, das erzeugt Frust.

Das Spiel mit ein paar Keksen in der Wiese ausklingen zu lassen, ist die einfachste Variante, die Erregungskurve des Hundes zu senken.

SUPERWAFFE VERBALE ANKÜNDIGUNGEN

Zur Ergänzung einer freundlichen und einladenden Körpersprache im Training, aber auch im Alltag, kannst du, vor allem bei allen distanzunterschreitenden Annäherungen, eine Superwaffe hinzufügen, die ihre Wirkung garantiert aufpimpt: die verbale Ankündigung!

ANKÜNDIGUNGEN HELFEN

DON´T Anstatt zum Beispiel einfach so den Hund anzufassen und ihm sehr nahe zu kommen, kannst du ihm vorher einfach mitteilen, was er als Nächstes zu erwarten hat. So kann er sich mental wappnen.

„Anfassen" als Vorwarnung für: Achtung, ich fasse dich jetzt an. Kann sich der Hund darauf einstellen, wird er eher kooperieren.

Auch unter uns Menschen ist es sehr viel freundlicher und respektvoller, darauf hinzuweisen, dass wir uns jetzt gleich nähern werden, um zum Beispiel einen Fussel aus dem Haar zu entfernen, als sich einfach so auf jemanden zu stürzen und in sein Haar zu greifen. Im ersten Fall wird sich das Gegenüber ruhig und entspannt verhalten können. Im zweiten Fall wird es sich erschrecken, zurückweichen oder sogar im Affekt zur Wehr setzen. Beim Hund ist es genauso. Und je schreckhafter und weniger tolerant dein Hund ist, desto eher kann es natürlich auch passieren, dass er vielleicht mal zuschnappt.
Wenn du dich also einladend gegenüber deinem Hund verhalten und du Ruhe und Koordination in eine Situation bringen möchtest, dann überlegst du dir erst einmal Vokabeln für einzelne Handlungen.

DO Beachte hier eine einfache Regel: Erst ankündigen, dann handeln!

NICHT GLEICHZEITIG!

Dazwischen liegt eine Sekunde Zeit, um dem Hund die Möglichkeit zu geben, sich auch wirklich geistig darauf einzustellen. Auch diese höchst simple Regel richtig umzusetzen, ist manchmal nicht so einfach für uns Menschen. Sehr häufig schleicht sich der Fehler ein, dass die Ankündigung und die Handlung gleichzeitig ausgeführt werden. Das sollte nicht passieren, denn dann ist die Ankündigung sinnlos.

Dem Hund zu sagen, was er zu erwarten hat, ist eine tolle Möglichkeit, Schreckmomente zu verhindern.

Medical Training als Vorbereitung für stressfreie Arztbesuche ist die Mühe wert.

„ANFASSEN"

Du kannst zum Beispiel jedes Mal „Anfassen" sagen für: „Achtung, ich komme und fasse dich irgendwo am Körper an, weil da etwas ist." Dein Hund kann sich also darauf einstellen, dass du dich näherst und Hand an seinen Körper legst. Er wird sich nicht erschrecken, er wird lernen stehenzubleiben und auszuhalten, vor allem, wenn er dafür noch ein Leckerchen bekommt. Auf diese Weise wird er deinen „Übergriff" sogar als angenehm empfinden, wenn er nicht mit Schmerz einhergeht.

„ZECKE"

Eine Zecke zu entfernen heißt daher bei uns auch „Zecke", denn sie herauszuziehen, dauert länger und ist definitiv unangenehmer. Nach erfolgreichem Vollzug darf Kurt die Zecke beschnuppern – das ist ihm sehr wichtig und die für ihn passende Belohnung in dieser Situation.

„SPRITZE" & CO.

Auch für den Tierarztbesuch helfen Ankündigungen, wie zum Beispiel „Spritze" (für „Achtung, es pikst"), „Ohren", „Zähnchen" (für „Achtung, ich gucke in die Ohren bzw. in deinen geöffneten Mund") oder „Tröpfchen" (für „Achtung, Augentropfen") etc., Stress zu minimieren. Ankündigungen sind zum Beispiel auch im Medical Training wichtiger Bestandteil, um den Tierarztbesuch stressfreier zu gestalten und Kooperation zu fördern. Ein kooperativer Hund beim Tierarzt ist für alle Beteiligten um ein Vielfaches angenehmer als ein panischer Hund kurz vor dem Herzinfarkt, der sich so sehr zur Wehr setzt, dass nicht einmal eine Sedierung ihre volle Wirkung entfalten kann. Ich weiß, wovon ich spreche, seufz …

„AUGE"

Kündige das Sandmännchen-Entfernen an. Unangekündigtes, plötzliches Ins-Auge-Fassen kann zur Folge haben, dass der Hund herumzappelt und du womöglich aus Versehen das Auge verletzt. Ein angekündigtes „Auge" vereinfacht die Prozedur um ein

„Auge" für „Achtung, meine Hand kommt an dein Auge und entfernt deinen Sandmann".

Vielfaches. Der Hund hält still, zappelt nicht herum, vor allem, wenn er danach eine Belohnung erhält. In unserem Fall ist das das Abschlecken des Sandmanns vom Finger. Ja, das ist ekelhaft, ich weiß, aber er findet es super und ich auch, weil der Sandmann dann nämlich schnell und ordentlich verräumt ist.

„ANZIEHEN"/„AUSZIEHEN"

Geschirr anziehen kannst du zum Beispiel mit „Anziehen" ankündigen, Geschirr ausziehen respektive mit „Ausziehen". Im Kapitel „Geschirr und Leine" findest du mehr Infos zum Thema.

„LEINE"

An- oder Ableinen könntest du mit „Leine" ankündigen. Supercooler Nebeneffekt: Dein Hund wird mit der Zeit zu dir kommen oder stehen bleiben, weil er weiß, was folgt. Auf diese Weise kannst du ihn völlig entspannt und in aller Ruhe an- oder ableinen, ohne dass er herumzappelt, sich in der Leine verheddert und er dadurch noch aufgeregter bzw. gestresster werden muss.

„HOCHNEHMEN"

Bevor du deinen Hund vom Boden holst, sag es ihm! Denn Hochnehmen ist naturgemäß natürlich sehr übergriffig. Nicht nur, dass du dich körperlich maximal näherst, du entziehst dem Hund auch die Kontrolle und nimmst ihm die Entscheidungsfreiheit, weggehen zu können.
Wenn du ihm aber ankündigst, dass du ihn jetzt hochnehmen wirst, weiß er, was ihn erwartet, er braucht sich nicht mehr zu erschrecken, er muss keine Angst haben und kann sich, im Gegenteil, sogar sicher und geborgen fühlen.

Es gibt natürlich noch viele Situationen, in denen Ankündigungen Sinn machen. Das ist sicherlich auch von Hund zu Hund unterschiedlich. Eine einladende Körpersprache bei jeder Ankündigung versteht sich natürlich von selbst.

MERKE

Wenn du deinem Hund die Vokabeln für deine Ankündigungen beibringst, solltest du die damit verbundenen Handlungen zunächst in kleine angenehme Dosen verpacken und dies auch entsprechend belohnen, damit er die Ankündigungen unbedingt positiv verknüpft. Auch hier gilt: Kleinschrittiges Training zahlt sich aus!

„Hochnehmen" als Vorwarnung für „Achtung, jetzt verlierst du den Boden unter den Füßen".

Hunde einfach so hochzunehmen, kann Angst machen und sollte trainiert werden.

KÖRPERSPRACHE IM ALLTAG

KÖRPERKONTAKT

Im Kapitel „Körpersprache im Training" haben wir bereits ausführlich über einladende und ausladende menschliche Körpersprach-Displays gesprochen. Prinzipiell lässt sich festhalten, dass das, was im Training gilt, natürlich auch im Alltag wirkt. Egal, was du tust oder wie du dich verhältst: Je mehr du der nach hinten/unten-Regel folgst, desto freundlicher, defensiver und vertrauensvoller wirkst du auf deinen Hund und desto eher wirst du seine freiwillige Kooperationsbereitschaft fördern, seine Schüchternheit oder Ängstlichkeit überwinden und Vertrauen schaffen.

SCHAFFE BEWUSSTSEIN

Trotzdem macht es Sinn, dass wir uns noch einmal bestimmte Situationen herauspicken, die uns im Alltag immer wieder begegnen und in denen wir uns sehr häufig ambivalent oder sogar ausladend gegenüber dem Hund verhalten, obwohl dies weder unsere Absicht ist, noch uns diese Situationen überhaupt so richtig bewusst sind.

WAS WILL DEIN HUND?

Es gibt Hunde, die werden gerne angefasst und gekrault, und umgekehrt genauso. Welpen, die pausenlos hochgerupft und durch die Gegend getragen werden, mögen das verständlicherweise sehr häufig nicht. Sie versuchen sich über den Einsatz ihrer fiesen spitzen Zähnchen zu erwehren. Das tun sie nicht aus böser Absicht, aber so, wie ein Baby nur seine Stimme hat, um Unmut kundzutun, setzen die meisten Hunde ihr Maul ein, sobald ihre Erregung nach oben schießt. Als mein Hund Kurt klein war, hieß er auch Piranha. Es war unmöglich, ihn anzufassen, ohne dass er uns in die Hände und Arme gehackt hätte. Natürlich gibt es viele Gründe, warum Welpen zwicken, die Beißhemmung muss erst erlernt werden. Aber die Art, wie wir sie anfassen und hochnehmen, hat Einfluss auf das Wohlbefinden des Hundes. Hunde in der Jugendentwicklung zum Beispiel sind manchmal sehr berührungsempfindlich und mögen eine Weile lang nicht mehr so gerne angefasst oder bekuschelt werden. Später mag sich das wieder ändern, sodass sie aktiv Körperkontakt suchen und sehr verschmust werden. Du hast es in der Hand, dies zu fördern, indem du darauf achtest, dich weder aufzudrängen noch bedrohlich zu benehmen oder den Hund in den Körperkontakt zu zwingen.

Menschen und Hunde lieben Körperkontakt. Doch der Hund muss erst lernen, dass angefasst zu werden Sicherheit und Wohlgefühl bedeutet.

Kleine Hunde werden oft einfach so vom Boden gerissen, von Fremden ungefragt angefasst oder zwangsbekuschelt, weil sie so niedlich sind. Viele kleine Hunde mögen das aber gar nicht.

BEISPIEL

Ich hatte eine Kundin, die mich u. a. zu sich rief, weil sie wissen wollte, warum ihr Maltipoo ihr ständig ausweicht.
Sie war traurig darüber, dass er nicht mit ihr kuscheln wollte. Sie konnte sich nicht im Mindesten erklären, warum das so war, da sie ihn sehr liebte und ihm ihre Liebe auch ständig zeigte.

ZU TODE LIEBEN

Die bittere Wahrheit sah so aus, dass sie den armen Hund häufig plötzlich, einfach so, hochrupfte, ans Herz drückte und mit Küssen überschüttete, ohne zu bemerken, wie unangenehm ihrem Hund die Zwangsbekuschelungen waren. Er lebte in der ständigen Sorge, wieder den Boden unter den Füßen zu verlieren und eingeengt und bedrängt zu werden. Deshalb suchte er häufig das Weite, wenn sich sein Frauchen ihm näherte.
Die Kundin war aber der Meinung, sie meine es gut und dass ihr Hund das doch verstehen müsse. Auf meinen Rat hin, den Hund nicht mehr einfach so und andauernd hochzunehmen – und schon gar nicht, ohne dies anzukündigen, damit er wenigstens die Chance bekommen könnte, sich mental darauf einzustellen – und ihn nur noch anzufassen und zu streicheln, wenn er freiwillig zu ihr kommen würde, beantwortete sie mit: „Aber ich muss meinen Hund doch anfassen dürfen!" Sie konnte den haptischen Drang, ihren süßen Hund zu berühren,

Der Consent-Test sagt dir, ob dein Hund angefasst und gestreichelt werden möchte oder nicht. Neinsagen ist erlaubt. Laki will in diesem Fall nicht.

einfach nicht unterdrücken, ihre Impulskontrolle reichte dafür nicht aus. Als ich sie dann recht direkt fragte, ob es möglicherweise mehr ihr eigenes Bedürfnis sei, das sie antrieb, als der Wunsch, ihrem Hund Gutes zu tun, war sie die längste Zeit meine Kundin gewesen. Sie konnte und wollte sich damit nicht auseinandersetzen.

Dass auch im Umgang mit unseren Hunden unsere eigene Psyche nicht selten eine große Rolle spielt und wir manchmal versuchen, über unsere Hunde bestimmte Gefühle, Wünsche oder Mängel zu kompensieren, ist, glaube ich, nachvollziehbar. Diese Kundin hatte Gründe für ihr Verhalten, die sie vielleicht selbst nicht kannte und die ich nur mutmaßen kann – letztlich kann ich dies auch nicht beurteilen.

ZURÜCKHALTUNG HILFT

Fakt ist aber, hätte sie meinen Ratschlag beherzigt, hätte sich nicht nur mit der Zeit das Verhältnis zwischen ihrem Hund und ihr verbessert, sondern hätten sich möglicherweise auch einige andere Verhaltensauffälligkeiten des Hundes erledigt: Er war sehr gestresst, sehr unruhig, misstrauisch und verbellte alles, was sich bewegte. Ihn zu lassen, ihm mehr Entscheidungsfreiheit zu geben, ihn einzuladen und auch ein Nein zu akzeptieren, so bitter es auch sein mag, hätte der mentalen Verfassung des Hundes gutgetan und für viel Entspannung gesorgt. Am Ende ist es wie bei uns Menschen: Wir wollen auch nicht ungefragt und andauernd angefasst und vor Liebe erdrückt werden.

AUFGABE

Wenn du unsicher bist, ob dein Hund deine Berührungen mag, mach den sogenannten „Consent-Test“: Kraul ihn ein wenig an der Brust, ohne dich über ihn zu beugen, und dann unterbrich das Kraulen. Was macht er? Versucht er, dich mit der Pfote aufzufordern, weiterzumachen? Dann hast du wohl die richtige Stelle erwischt und darfst das als eindeutige Einladung verstehen, weiterzumachen. Geht er aber weg, schaut er zur Seite, fängt er intensiv an, dich im Gesicht oder an den Händen zu schlecken, was man auch „kiss to dismiss“ nennt – ein höfliches Distanzlecken, das häufig mit „Küsschen geben“ verwechselt wird –, dann kraul ihn nicht weiter und genieße einfach seine Nähe, wenn er bei dir bleibt. Geht er aber weg, dann sollte auch das in Ordnung sein. Auch Hunde müssen Nein sagen dürfen.

Es liegt an dir, herauszufinden, wo die Lieblingsstellen deines Hundes sind, an denen er besonders gern angefasst werden mag. Opi Pepper genießt es sichtlich.

KÖRPERKONTAKT ANBIETEN

Wenn du Körperkontakt mit deinem Hund möchtest, dann finde heraus, welche Art von Berührung er am meisten mag. Manche Hunde mögen gerne gekrault oder geknetet werden, andere finden sanfte Streicheleinheiten angenehmer. Eine leichte oder auch kräftigere Massage am Rücken, indem du mit den Daumen und Zeigefingern die Haut an der Wirbelsäule oder die Kruppe sanft knetest, finden viele Hunde sehr angenehm. Oft schauen sie dabei in die Luft und bewegen ihren Popo hin und her oder sie drücken sich mit der Flanke an dich.

DO Bei allen Berührungen achte wie immer darauf, in die Hocke zu gehen, auf dem Boden zu sitzen oder seitlich zu stehen. Nähere dich nicht von oben über den Kopf! Arbeite dich von unten nach oben. Die meisten Hunde mögen es sehr, an der Brust gekrault zu werden; starre ihnen dabei nicht in die Augen. Dann arbeite dich mit den Händen langsam nach oben, kraule den Hals und knete sanft die Öhrchen.

Legt sich dein Hund freiwillig auf den Rücken und kippt die Flanken nach außen, werden dabei die Äuglein entspannt und kleiner, liegt die Rute ruhig ab, fühl dich eingeladen, seinen Bauch und die Leisten zu streicheln.

Es kann sinnvoll sein, deinem Hund beizubringen, dass sich Fremde manchmal übergriffig benehmen. Die positive Verstärkung hilft dir dabei, Unangenehmes angenehmer zu gestalten.

DON'T Verzichte hierauf:
- Tätscheln des Schädels.
- Klopfen auf den Torso.
- Bedrängen, sodass der Hund nicht weggehen kann.
- Umarmen und Festhalten.
- Auf dem Hund liegen.

Wie ich bereits im Kapitel „Kinder, ältere Semester, Menschen mit Behinderungen" schon erwähnt habe: Du kannst deinen Hund gegenüber ausladenden Körpersprach-Displays über Training resistenter machen. Da du nie ausschließen kannst, dass sich nicht doch jemand mal über deinen Hund beugt und seinen Kopf tätschelt, ist es sogar sinnvoll, ihm beizubringen, es auszuhalten, statt zu schnappen oder sich ängstlich zurückzuziehen. Er kann lernen, auch unangenehmere Dinge auszuhalten, ohne Schaden zu nehmen.

GEWÖHNUNG AN UNANGENEHMES

Der wichtige Unterschied besteht in der Überlegung, was du wann bewirken möchtest: Die nach oben/vorne-Regel als vermeintliche Belohnung im Training einzusetzen, wird dein Training torpedieren, denn dein Hund wird niemals „Hurra" schreien, wenn du ihm den Kopf tätschelst oder den Torso klopfst wie ein Schnitzel. Ob du damit also erfolgreich Verhalten verstärken kannst, ist eher unwahrscheinlich.
Ihn aber daran zu gewöhnen, dass es im Alltag vorkommen kann, dass jemand seinen Kopf tätschelt, sich über ihn beugt oder andere unangenehme Dinge tut, kann hilfreich sein – wenn du die positive Verstärkung nutzt, um das Unangenehme so angenehm wie möglich zu färben.

ANNÄHERUNG AN DEN HUND

Wenn mir auf dem Bürgersteig oder auf einem schmalen Weg ein Hund entgegenkommt, versuche ich automatisch, in einem kleinen Bogen an ihm vorbeizugehen und ihm dabei nicht in die Augen zu schauen oder ihn anzustarren. Niemals würde ich frontal auf einen Hund zusteuern, da ich weiß, dass dieses Verhalten aus Hundesicht sehr unfreundlich ist und gar nicht so wenige Hunde mit solchen Situationen Mühe haben. Ich möchte keinen Hund in einen Konflikt bringen, unangenehme oder sogar bedrohliche Signale senden oder sogar schuld daran sein, dass er am Ende geruckt oder geschimpft wird, sollte er wegen mir bellen müssen oder in meine Richtung vorspringen.

FRONTALE ANNÄHERUNG

Viele Kinder versuchen ebenfalls, vor allem großen Hunden auszuweichen, weil sie oft ängstlich sind – ein guter Impuls. Die meisten erwachsenen Menschen aber nähern sich Hunden meist frontal, ohne zu zögern, manchmal laut und gestikulierend am Handy oder im Gespräch mit anderen Personen – also unbewusst sehr bedrohlich. Manchmal starren sie die entgegenkommenden Hunde dabei neugierig oder gedankenverloren an oder ihnen in die Augen. Deeskalierende und beschwichtigende Signale der Hunde sehen sie nicht, das ist

Ein klassisches Bild: Viele Menschen wissen nicht, dass es unfreundlich oder sogar offensiv wirkt, wenn sie sich einem Hund frontal nähern. Pepper findet das auch eher irritierend.

ja nun auch nicht ihre Aufgabe. Es wäre vielmehr die Aufgabe der Bezugspersonen, diese sehr netten Signale zu sehen und entsprechend zu reagieren: Indem sie ein wenig zur Seite gehen, im kleinen Bogen vorbeilaufen, die Leine locker lassen und ihren Hunden vielleicht zusätzlich verbal, mit freundlichen Worten, die Rückmeldung geben, dass ihr Verhalten toll ist.

BOGEN GEHEN ALS NATÜRLICHE LÖSUNG

Bei Hunden, die die Tendenz haben, nach vorne zu gehen, um zu schnappen – also nachdem das Kind in den Brunnen gefallen ist –, achten Hundehalter naturgemäß mehr auf die passende Distanz, schließlich möchte niemand, dass der eigene Hund in fremde Hosenbeine beißt. Schade ist, dass der Hund erstmal lernen musste, dass er zunächst vorgehen muss, um dann mehr Abstand zu bekommen. Hätte er von Anfang an einen kleinen Bogen laufen dürfen, hätte er gelernt, dass diese freundliche Geste ausreicht, um das Bedürfnis nach Sicherheit erfüllt zu bekommen. Denn es dauert natürlich einiges länger, das aggressive und sehr erfolgreiche Verhalten über Training wieder abzustellen, als gleich zu Beginn Bogenlaufen als natürliche Strategie zu unterstützen. Vor allem, wenn dann, wie in vielen Hundeschulen noch üblich, Spritzpistolen und andere Schreckreize zum Einsatz kommen, wird besonders deutlich, wie unfair es eigentlich ist, Hunde für ihren Wunsch nach mehr Distanz, der ihnen durch ihre Menschen nicht gewährt wurde, zu bestrafen. Selbstverständlich könnte man es auch den „netten" Hunden, denen, die nicht nach vorne gehen, um sich zu wehren, mit dieser kleinen Geste einfacher machen. Verdient haben es ganz gewiss alle. Positiver Nebeneffekt: Der Hund lernt auszuweichen, statt Fremde gegebenenfalls anzuspringen.

Wer sich anderen Personen mit seinem Hund im leichten Bogen nähert, verhält sich freundlich und tut seinem Hund einen großen Gefallen – und vielen Menschen auch!

Die Idee, sich frontal nähern zu müssen, um dem Hund zu signalisieren, dass er sich dem Willen des Menschen unterzuordnen hat, ist veraltet und kann zu Konflikten führen.

MYTHEN ÜBER BORD

DON´T Es gibt auch andere, sehr veraltete Beweggründe, warum sich manche Menschen Hunden ganz bewusst frontal nähern. Ein Mitglied meiner Familie, zum Beispiel, sieht es partout nicht ein, einem Hund auszuweichen, gemäß dem Motto: „Der Hund hat sich unterzuordnen!" Die Person findet, dass es Aufgabe des Hundes ist, ihr – als „höherem", „wichtigerem" Wesen – aus dem Weg zu gehen und nicht umgekehrt. Mein Aufklärungsversuch, dass der Hund einen Menschen niemals als „höheres Wesen" betrachtet, sondern lediglich situationsbedingt als potenziell angsteinflößendes, gefährliches Objekt, das vielleicht sehr deutlich vertrieben werden muss, weil es auf freundliche, deeskalierende Signale nicht reagiert, fruchtete nicht. Der Glaube an das Ammenmärchen ist einfach zu übermächtig.

Auch unter Hunden ist Bogengehen eine sehr freundliche Geste.

KEINE HIERARCHIE

Dabei ist es natürlich auch hier schlicht die Geometrie der Körpersprache, die den Hund im besten Fall zum Ausweichen bringt, und nicht etwa die Bereitschaft, sich einer gottgegebenen Hierarchie zu unterwerfen: Bewegungen nach vorne/oben wirken ausladend, unfreundlich und bedrohlich. Bei allen Hunden wird sich ein Gefühl von mehr oder weniger starkem Unwohlsein ausbreiten. Wie jeder Hund dann damit umgeht, ist individuell. Die meisten werden versuchen, auszuweichen, weil sie einfach dann den Sicherheitsabstand bekommen, den sie brauchen.

ERLERNTES VERHALTEN

Hilfreich zu wissen ist, dass sich Hunde untereinander immer im Bogen annähern, wenn sie freundlich gesinnt sind und es auch lernen durften. Kurze Leinen machen es natürlich sehr schwer, einen Bogen zu gehen, sodass viele schon von der Pike auf lernen, in hoher Erregung aufeinander zuzuballern – aus Hundesicht ein ausgesprochen rüpelhaftes, offensives Verhalten, das von Unsicherheit, einem Konflikt oder dem Wunsch zeugt, den anderen erst einmal zu hemmen oder sogar zu vertreiben. Wer das weiß, tut sich vielleicht sehr viel leichter, auch für Hunde auszuweichen bzw. als Hundebesitzer aktiv mit seinem Hund einen kleinen Bogen zu laufen, um das Verhalten „entspannte, freundliche Annäherung" zu verstärken.

NICHTS BÖSES

DO Auch bei unseren eigenen Hunden, die uns gut kennen und vertrauen, ist es einfach sehr freundlich, sich immer im kleinen Bogen zu nähern, wenn wir auf sie zugehen oder wir sie begrüßen wollen. Wir sollten seitlich vor ihnen stehen, in die Hocke gehen, uns nicht über sie beugen, ihnen nicht den Kopf tätscheln oder auf den Torso klopfen, wie bei einem Pferd – was nicht mal Pferde wirklich gutheißen.

An der Stelle höre ich dann oft das Argument: „Aber der kennt mich doch und weiß, dass ich ihm nichts Böses will." Weiß er das? Beobachte die Körpersprache deines Hundes. Was macht er? Zeigt er – auch nur kurz – Zeichen von Unbehagen und Deeskalation wie zum Beispiel Züngeln, Blinzeln, das Anlegen der Ohren, Wegschauen, das Verlagern des Körperschwerpunkts in die entgegengesetzte Richtung von dir und abschließendes Schütteln, sobald du aufhörst, dich unfreundlich zu benehmen? Dann weißt du, dass er es nicht weiß. Die Frage ist natürlich auch, warum man sich überhaupt unfreundlich gegenüber dem eigenen Hund verhalten sollte, wenn man es doch besser weiß …

Sich auch im Alltag, wenn wir gerade nichts von unserem Hund wollen, er keine Tricks ausführen soll oder wir gerade nicht mit ihm trainieren möchten, körpersprachlich freundlich zu verhalten, ist also nicht nur sozial, empathisch und rücksichtsvoll, sondern auch lehr- und hilfreich. Denn so, wie ich ja auch schon im Kapitel „Emotionen auslösen, Verhalten verändern" beschrieben habe, lernt dein Hund nicht nur in der Zeit, die du als Trainingszeit verstehst, sondern sobald er morgens seine Augen aufschlägt.

Deine einladende Freundlichkeit wird sich positiv auf eure Beziehung auswirken. Eine gute Voraussetzung für ein starkes Team.

Wer Leinenaggression vermeiden und freundliche Signale senden möchte, geht im Bogen aufeinander zu und sorgt für ausreichende Distanz.

Unsere Mimik hat massiven Einfluss auf das Verhalten von Hunden. Und auch hier wirkt die Geometrie der Körpersprache.

MIMIK UND GESTIK

Mit unseren Blicken, Gesichtsausdrücken und unseren Händen können wir enorm viel „sprechen" und unterschiedliche Signale senden. Wie ich schon im Kapitel „Die Geometrie der Körpersprache" erläutert habe, folgt auch unsere Mimik und Gestik den einladenden nach hinten/unten- und den ausladenden nach vorne/oben-Regeln.

LACHEN HILFT

Ein gesunder, normal vorsichtiger Hund, den wir offen anlächeln und dem wir mit weichem, freundlichem Blick begegnen, reagiert in der Regel mit Spiegelung: Er wird uns sein Lachgesicht zeigen. Er wird uns freundlich begegnen, uns mit weichem Blick anschauen, er wird sich kooperativ und gut gelaunt zeigen.
Ziehen wir hingegen die Augenbrauen zusammen, starren wir ihm hart in die Augen und ziehen die Mundwinkel nach unten, dann wird er auch dies spiegeln: Er wird nun garantiert nicht mehr lachen und uns mit Ängstlichkeit, Vorsicht und Misstrauen begegnen. Es lohnt sich also immer, einfach mal zu lächeln. Probiere es mal aus. Du wirst den positiven Effekt auf deinen Hund sofort erkennen.

HÄNDE REDEN

Ob wir die Hände zur Begrüßung ausstrecken, wild herumgestikulieren oder ruhige, langsame Bewegungen machen, ob wir die Handflächen oder den Handrücken zeigen – alles dies wirkt sehr unterschiedlich auf den Hund und beeinflusst seine Emotionen und sein Verhalten. Wenn du – anders, als man häufig nachlesen kann – deinen Arm zur Kontaktaufnahme nicht nach vorne streckst, sondern ihn nur locker vor dich hältst und dabei einfach die Hand herunterhängen lässt, sendest du ganz andere Signale als umgekehrt. Denn Hände sind nicht immer nett, sie können viele unangenehme Dinge tun: plötzlich zugreifen, anfassen, packen, manchmal sogar zuschlagen und Schmerzen erzeugen. Eine nach oben geöffnete Handfläche zur Begrüßung ist also weniger einladend als der harmlosere Handrücken.

DO Indem du deinen Arm locker herunterhängen lässt (am besten in der Hocke, seitlich zum Hund), folgst du wieder sehr stark der nach hinten/unten-Regel und benimmst dich maximal einladend. Hunde sollten selbst entscheiden dürfen, ob sie einer Einladung nach Distanzverringerung folgen möchten oder nicht.

DON´T Kommt ein Hund nicht näher, lass ihn in Ruhe, beug dich nicht über ihn, dräng dich nicht auf und fass ihn vor allem nicht an. Vielleicht braucht er einfach noch ein Weilchen oder möchte in dieser Situation schlicht keinen Kontakt zu dir aufnehmen.

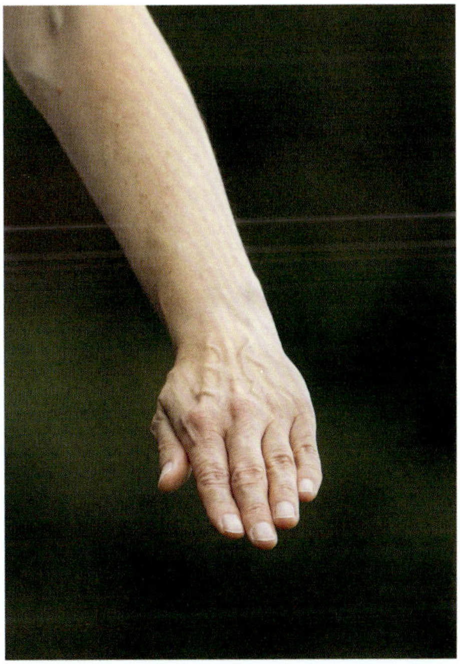

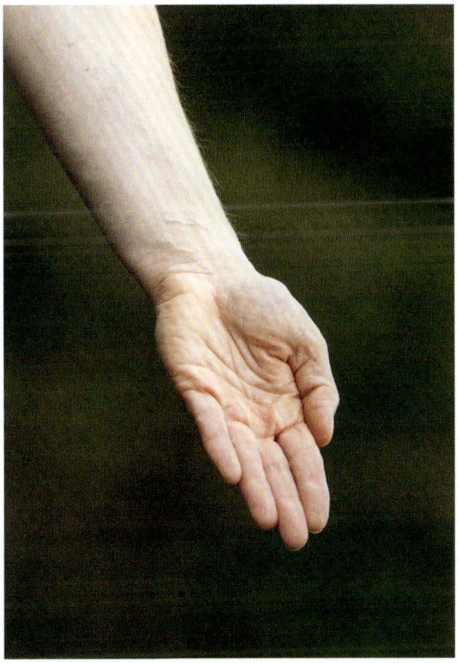

Auch Hände sprechen. Manchmal freundlich, manchmal nicht.

DYNAMIK UND ERREGUNG

Dynamik, also wie schnell oder langsam wir uns vor- oder zurück-, hoch- oder runterbewegen, ob wir auf den Hund zugehen oder uns entfernen, ob wir schleichen, springen oder normal gehen, ist ein wichtiger Bestandteil unserer Körpersprache und hat enorm großen und manchmal unterschätzten Einfluss auf unsere Hunde.

Je dynamischer wir sind, je hektischer, je impulsiver und damit auch je unberechenbarer für den Hund, desto mehr wird dies sein Erregungsniveau beeinflussen. Wir steuern die Erregung des Hundes mit unseren Bewegungen. Gehen, Rennen, Schleichen, Hüpfen, Tanzen, komische Bewegungen machen, die dem Hund nicht vertraut sind und zudem noch oft nach vorne/oben gerichtete Tendenzen haben, beeinflussen seine Emotionen und damit auch seine Reaktionen. Es kann sein, dass er sich nähert oder aber sich entfernt – je nach Motivation.

Es kommt natürlich sehr stark auf den einzelnen Hund, seinen Charakter, sein Alter, den Entwicklungsstand, seine Lernerfahrungen und sein Gemüt an, wie er mit stimmungsgeladenen, dynamischen und dadurch durchaus auch potenziell bedrohlichen Bewegungen der Menschen umgeht. Gerade junge Hunde, sehr reaktive, erregbare Hunde oder die sportlichen, schnellen Rassen tun sich schwerer mit abrupten, plötzlichen, schneller werdenden oder Aufeinanderzubewegungen unter Menschen.

DO Je sensibler und impulsiver dein Hund ist, desto kleinschrittiger solltest du ihn darauf vorbereiten, dass dynamische Bewegungen nichts Schlimmes sein müssen und zu unserem Alltag gehören.

Es kommt auch auf den einzelnen Hund, seine Impulsivität, den Lernstand und seine Lernerfahrungen an, wie er auf dynamische Bewegungen reagiert.

Begrüßungen und Umarmungen unter Menschen finden manche Hunde beunruhigend und sie können nicht so entspannt dabeisitzen wie Maylie. Sie würden versuchen, die Menschen über Anspringen zu splitten.

STREIT, ZÄRTLICHKEITEN, UMARMUNGEN

Manche Hunde bellen, springen an ihren Menschen hoch und versuchen, sich zwischen sie zu drängen, also zu splitten, wenn sie sich streiten oder auch nur freundlich umarmen, was ja auch kein Wunder ist, denn: Meistens gehen Streitigkeiten oder Umarmungen mit lauten Worten, Geschrei, Lachen, vielen für Hunde bedrohlichen Gesten und auch unsererseits mit höheren Erregungslagen einher. Nicht selten werden die Reaktionen der Hunde dann unfairerweise als dominantes, respektloses und aufmerksamkeitsheischendes Verhalten missinterpretiert.

SPLITTING

Unsere Aufregung hat erregungssteigernde Wirkung auf Hunde und verleitet sie ihrerseits zu Verhalten, das manchmal nicht mit unseren Vorstellungen korreliert. Mein erster Hund Willi, ein sehr reaktiver, aufgeregter Hund, sprang zum Beispiel bei Wortgefechten mit meinem Partner sehr wild an uns hoch. „Du hast deinen Hund nicht im Griff", kam dann als wenig versöhnliche Provokation im per se angeheizten Gefecht, was die Gesamtsituation natürlich nicht wirklich verbesserte. Erst später haben wir verstanden, dass es verzweifelte Versuche waren, uns zu befrieden. Willis Unwohlfühlen und seine hohe Erregung suchten über das aufgeregte Anspringen ein Ventil.

RÜSTZEUG MITGEBEN

Das alles bedeutet jetzt natürlich nicht, dass du dich ab sofort nicht mehr lautstark begrüßen oder streiten darfst. Es bedeutet nur, dass es sich lohnt, sich bewusst zu sein, dass für uns völlig normale Gesten und Bewegungen für Hunde komisch ankommen können – und gelernt werden sollten. Wenn du deinem Hund – anders als ich damals – einen Gefallen tun und ihn in solchen Situationen alltagssouveräner formen möchtest, dann bringst du ihm in kleinen aushaltbaren Dosen bei, dass Umarmungen, Zärtlichkeiten oder auch Streitigkeiten und laute Wortgefechte unter Menschen nichts Schlimmes oder Ungewöhnliches sind. Auch wenn die Bewegungen nach vorne/oben gerichtet sind und gemäß Geometrie der Körpersprache bedrohlich, ausladend und offensiv wirken können (und teilweise ja auch sind!).

DO Auf diese Weise gibst du deinem Hund das Rüstzeug mit, möglichst viele Alltagssituationen gestärkt und angstfrei zu bestehen. Mach ein cooles Spiel daraus, das unterschiedlich intensiv ausfallen kann – je nach Trainingsstand deines Hundes.

01 Auch hier rentiert sich Kleinschrittigkeit im Training.

02 Über schrittweise Distanzverringerung und Futter für ruhiges Verhalten ...

ÜBUNG

Während du dich einem Menschen näherst / ihm die Hand schüttelst / ihn umarmst / ihn küsst / dich unterhältst / laut lachst / laut mit ihm sprichst / wild gestikulierst / ... kullerst du zunächst hochfrequentiert, dann in immer größer werdenden Intervallen hochwertige Leckerlis in die Richtung deines Hundes. Er kann dabei in seinem Körbchen sein oder einfach neben euch sitzen oder stehen – je alltagsähnlicher die Situation, desto besser. Das Ziel ist, dass du jeden einzelnen Trainingsschritt so gestaltest, dass dein Hund euch nicht anspringen oder ängstlich-nervös werden muss.

03 ... wird Maylie an Begrüßungsrituale gewöhnt

LOCKERES LEINEGEHEN

Viele meiner Kundinnen und Kunden gehen gern schnellen Schrittes mit ihrem Hund spazieren. Warum das so ist, kann mir meistens keiner von ihnen genau erklären. Beim lockeren Leinegehen kann strammes Gehen allerdings kontraproduktiv sein. Denn je schneller du gehst, desto schneller wird auch der Hund werden. Angesteckt durch die Dynamik der Bewegung wird es für ihn immer schwieriger werden, an lockerer Leine zu gehen, sodass er bald nach vorne laufen und in die Leine ziehen wird. Seine Erregung, die durch das schnelle Gehen gefördert wird, wird einfach zu groß werden, als dass er die Impulskontrolle aufbringen könnte, sich zu zügeln und langsamer zu gehen.

MACH MAL LANGSAM!

DO Deshalb rate ich meinen Kunden immer: Zügle mal dein Tempo. Gehe bewusst langsam. Je langsamer du gehst, desto einfacher machst du es deinem Hund, wenn er nicht gerade einer Fährte folgt, sich zu konzentrieren und bei dir zu bleiben. Dadurch, dass du damit für einen sehr viel längeren Zeitraum gute Chancen auf eine lockere Leine hast, hast du auch viel mehr Zeit, deinen Hund dafür zu belohnen, dass die Leine locker herunterhängt. Auf diese Weise kannst du deinem Hund sehr einfach beibringen, dass eine lockere Leine lohnenswerter ist, als in die Leine zu preschen und zu ziehen wie ein Ochse.
Im Laufe deines Trainings kannst du dann natürlich deine Geschwindigkeit steigern und damit spielen, indem du unterschiedlich schnell läufst. Die Aufgabe für deinen Hund lautet dann: Achte auf mich, sei aufmerksam und pass dich meiner Geschwindigkeit an. Dies ist natürlich der letzte Schritt im Lockeren-Leine-Training, die schwierigste Stufe.

Wenn du lockeres Leinetraining machst, geh langsam. Das hält das Erregungsniveau des Hundes unten.

DIE SCHWIERIGSTE AUFGABE

Im Alltag gehen viele Hundebesitzer gleich zu dieser Stufe über, ohne überhaupt zu trainieren, weil sie glauben, dass der Hund das einfach so können sollte, schließlich ist das Verhalten aus ihrer Sicht nicht wirklich schwierig oder komplex. Der Hund soll „nur" an lockerer Leine gehen. Aus Hundesicht allerdings ist diese Aufgabe unlösbar. Sich so stark konzentrieren zu müssen und alles, was aus Hundesicht spannend ist, auszublenden, um sich dem jeweiligen Tempo des Menschen anzupassen – womöglich auch noch, ohne dafür irgendeinen Lohn zu erhalten – ist eine der schwierigsten Aufgaben für Hunde überhaupt.

Eine der schwierigsten Aufgaben für Hunde: an der Leine zu laufen, ohne zu ziehen.

Sie ist nicht im Mindesten artgerecht, denn lockeres Leinegehen kommt im biologischen Verhaltensrepertoire eines Hundes nicht vor. Welche Funktion sollte dies auch haben? Das Leben läuft rechts und links des Weges ab: Dort sind die spannenden Gerüche zu finden, die einen Hund antreiben. Dort rascheln Mäuse im Laub, oder dort hat der Kumpel seine Markierung hinterlassen, die es zu untersuchen gilt.
Der Mensch hingegen ärgert sich natürlich, dass der Hund „einfach nicht lernen will", bei Fuß zu gehen. Das mündet dann nicht selten im Frust und im unfairen Leinenruck.

TIPP
Gehe langsam, steigere deine Geschwindigkeit nur so, dass die Erregung deines Hundes unten bleibt, er geistig mithalten kann und nicht schneller werden muss. Und belohne ihn großzügig dafür. Damit zeigst du ihm, dass es lohnenswert sein kann, ein völlig unhundliches Verhalten zu erlernen.

PLÖTZLICHES AUFSPRINGEN, STÜHLERÜCKEN, JUBELN

Vielleicht kennst du das: Alle sitzen entspannt am Esstisch, plötzlich springt jemand auf, der Stuhl wird zurückgeschoben, und dein Hund, der gerade noch friedlich unter dem Tisch geschlummert hat, springt ebenfalls auf. Er bellt aufgeregt, springt herum und im schlimmsten Fall rennt er sogar hinter dem Menschen her, der gerade den Raum verlassen möchte, manchmal vielleicht sogar in die Haxen oder Hosenbeine zwickend. Eine ungute Situation.

RAMBAZAMBA!

Bei Hunden, die Mühe mit solchen Situationen haben, empfiehlt es sich, das Aufstehen und Stühlerücken zu üben. Du kannst es im einfachsten Fall schlicht ankündigen: „Achtung, Hund, Rambazamba!" Der Hund, wenn er angesprochen wird und das Signal regelmäßig hört, bekommt damit die Chance, sich mental darauf einzustellen, und muss nicht erschrecken. Ich weiß, dass es nicht einfach ist, immer daran zu denken und dies im Alltag einzubauen – vor allem mit wuseligen Kindern im Haushalt. Dennoch würde allein das schon bei schreckhaften Hunden enorm helfen.

ANGST NEHMEN, SICHERHEIT GEBEN

Wenn du solche Situationen üben möchtest, solltest du wieder mit langsamen Bewegungen starten. Natürlich wirkt auch hier Futter als Katalysator: Während du oder jemand anders nach der Ankündigung „Rambazamba" aufsteht und den Stuhl erstmal vorsichtig zurückschiebt, werden gleichzeitig Leckerlis auf den Boden fallen gelassen, im

Hunde reagieren meistens sofort auf die Bewegung ihrer Menschen. Je schreckhafter und reaktiver der Hund, desto problematischer kann das werden.

Idealfall so, dass der Hund liegen bleiben kann. Auf diese Weise lernt er, dass Aufstehen und quietschendes Stühlerücken von Personen nichts Schlimmes bedeutet, dass er sich nicht bedroht fühlen und keine Angst haben muss, sondern im Gegenteil, dass Aufstehen immer mit etwas Gutem einhergeht. Nach einer Weile wird sich dein Training auszahlen.

REAKTIVEN HUNDEN HELFEN

Das Trainingsziel könnte sein, dass dein Hund lernt, entspannt liegen zu bleiben, wenn jemand vom Tisch aufspringt. Was vor allem in einem Kinderhaushalt Sinn macht. Ich habe einige Kunden mit reaktiven Hunden, für die plötzliche Bewegungen und Dynamik, einhergehend mit Lärm und Aufregung, wirklich schwer zu ertragen sind, was manchmal auch gefährlich werden kann – immer dann, wenn der Hund hierauf mit Knurren, Nachgehen, Schnappen oder auch nur Zusammentreiben reagiert.

JUBEL, TRUBEL, HEITERKEIT

Ein ähnliches und klassisches Beispiel ist das Aufspringen und Jubeln bei Fußballübertragungen im Fernsehen oder bei Festen und Veranstaltungen, wenn wir selbst stark emotional und nicht kontrolliert reagieren. Mein Hund Kurt ist wirklich sehr gechillt. Aber wenn wir bei einer Fußball-WM oder -EM wie die Gestörten vom Sofa hochspringen und uns laut schreiend in die Arme fallen oder schimpfen und stöhnen, dann erschreckt ihn das natürlich sehr und macht ihn unruhig, da wir aus seiner Sicht nicht vorhersehbar, bedrohlich agieren und er nicht wissen kann, wann und warum überhaupt der nächste Ausraster zu erwarten ist.

DO Es gibt mehrere Möglichkeiten, den Hund auf solche Situationen vorzubereiten:

— Über Training, in dem ich die Situation nachstelle und langsam steigernde Ausraster „schönfüttere“.

Je mehr Dynamik, desto ansteckender wird die Aufregung auch bei vielen Hunden.

Als Alternative zum erregungssteigernden Klatschen sind auch lautlose Bewegungen möglich.

— Über konditionierte Entspannung, indem ich nach oder während des Ausrasters mit dem vorher aufgebauten Entpannungssignal dafür sorge, die Erregung des Hundes herunterzufahren. Im Internet gibt es gute Anleitungen zum Aufbau der konditionierten Entspannung. Ich empfehle sie sehr, denn du kannst sie in vielen verschiedenen aufregenden Situationen einsetzen, der Aufbau ist sehr simpel und kann im Alltag ohne viel Aufhebens ganz nebenbei geübt werden.

— Über Management kannst du die Intensität regulieren: Vielleicht muss der Hund ja nicht mit auf dem Sofa liegen, während du die Sportschau schaust, sollte er besonders schreckhaft sein. Er kann ja auch etwas weiter weg liegen, in seinem Körbchen oder an einem anderen, geschützteren Wohlfühl- und Rückzugsort.

KLATSCHEN

In meinem Trainerkreis hat sich ein sinnvolles, sehr freundliches Ritual etabliert, das zum Beispiel auf Seminaren, wenn im Seminarraum mehrere Hunde anwesend sind, Anwendung findet: Wir verzichten auf Klatschen und wedeln stattdessen lautlos mit den Händen in der Luft, um der Referentin oder dem Referenten positives Feedback mitzuteilen. Seminare, vor allem mehrtägige, sind für Hunde super anstrengend: Die Umgebung ist ungewohnt, viele Hunde sind anwesend, es gibt viele Gerüche, Aufregung liegt in der Luft, die Hunde sollen sich konzentrieren und Aufgaben erfüllen, sie bekommen per se weniger Ruhe als zu Hause, der Tagesablauf ist ein ganz anderer als sonst, was allein schon sehr stressend ist.

RÜCKSICHT MIT LERNZIEL

Damit es den Hunden trotzdem möglichst gut geht und sie Spaß auf dem Seminar haben, achten wir sehr stark darauf, die Umgebungsvariablen so zu gestalten, dass sie sich möglichst häufig am Tag entspannen können. Klatschen, lautes Stühlerücken, Rufen und Johlen wäre sehr kontraproduktiv und würde sie wieder stark mobilisieren und anheizen, was gerade am Ende eines Seminars schade wäre. Denn ein Lernziel auf jedem Seminar ist immer auch, Entspannung zu erlernen und zu fördern sowie das Erregungsniveau herunterzufahren.

GEWÖHNUNG AN KÜNSTLICHEN LÄRM

Natürlich kannst du Klatschgeräusche mit deinem Hund üben, und das ist auch sinnvoll, denn Klatschen ist unter uns Menschen vielerorts ein gängiges Verhalten, wenn wir Begeisterung und Zustimmung äußern möchten. Es ist also nicht unwahrscheinlich, dass wir mit unserem Hund in Situationen geraten werden, in denen Menschen klatschen. Wenn wir vorher mit unserem Hund geübt haben, dass Klatschen nichts Schlimmes ist und wir es ankündigen, sodass der Hund weiß, was kommen wird, lernt er, souverän damit umzugehen. Füttern wir ihn währenddessen großzügig, wird er Klatschgeräusche statt beängstigend vielleicht sogar gut finden.

MERKE
Leise und auf Abstand anfangen, langsam die Schwierigkeitskriterien einzeln steigern.

GASSIGÄNGE

Ich erwähnte ja schon, dass viele meiner Kunden und Kundinnen auf ihren Gassigängen einen Stechschritt draufhaben, als ginge es um ihr Leben. Der Hund soll über Bewegung und Kilometer-machen ausgelastet werden, Dynamik ist natürlich aber auch eine Charakterfrage. Manchmal will man aber den täglichen Gassigang auch einfach nur schnell hinter sich bringen, weil man zwar einerseits pflichtbewusst ist, aber andererseits nicht so richtig Lust darauf hat, wenn sich Monotonie und Langeweile eingeschlichen haben oder einfach die Zeit fehlt.

AUSLASTUNG

Körperliche Ertüchtigung ist für Hunde natürlich ebenso wichtig wie für uns Menschen, die Idee aber, dafür jeden Tag fünf oder noch mehr Kilometer durch den Wald, die Stadt oder ums Karree laufen zu müssen, steckt zwar fest in den Köpfen der Leute drin, ist aber tatsächlich nicht immer die beste.
Willst du deinen Hund „auslasten", gehört neben der körperlichen Bewegung unbedingt auch die geistige Beschäftigung dazu. Das bedeutet nun wieder nicht, dass du deinen Hund nonstop bespaßen musst, sondern du dir bewusst sein solltest, dass dein Hund schon dann geistig sehr beschäftigt ist, wenn er ausgiebig schnüffeln darf. In Ruhe zu schnüffeln geht aber nicht gut, wenn du ihn an der Leine im Eiltempo kilometerweit durch den Wald zerrst.

100 ANSTRENGENDE METER

Ich habe manche Social Walks durchgeführt, bei denen ich mit den teilnehmenden Teams, von denen die meisten Hunde eine Leinenaggressionsproblematik mitbringen, nicht weiter als 100 Meter in eine Richtung gekommen bin und genau die gleichen 100 Meter wieder zurück – in einem sehr geruhsamen Tempo. Die Hunde waren danach schnitzelfertig. Doch was haben sie auf diesen 100 Metern eigentlich gemacht, dass sie danach so müde waren? Sehr viel!

Wer sich ab und zu mal Zeit lässt und dem Hund die Freiheit gewährt, sich in Ruhe auszuschnüffeln, wird am Ende einen zufriedenen, ausgelasteten Hund erleben.

Sie haben sich freundlich und ruhig kennengelernt und waren damit beschäftigt, den Geruch des anderen aufzunehmen, zu untersuchen und einzuordnen, ob sie ihn sympathisch finden können oder lieber doch nicht. Sie lernten, jeder in seinem Tempo, konzentriert Aufgaben zu bewältigen wie, ohne sich aufzuregen und auszulösen, am anderen im größeren bis kleinen Bogen vorbeizulaufen; sie durften ganz viel in der Wiese schnüffeln; die Umgebung beobachten und wahrnehmen; Pausen machen, um sich von den Anstrengungen all dieser neuen Reize immer wieder zu erholen. Das waren 2 x 100 sehr langsame, sehr anstrengende, aber auch sehr erfüllende Meter. Diese Social Walks waren „auslastender" für die Hunde als mancher flotter 5-Kilometer-Walk mit acht pöbelnden Hundebegegnungen. Wären wir im zügigen Tempo zusammen marschiert, wäre das Erregungsniveau der Hunde sehr viel höher gewesen. Eskalationen wären durch die höhere Anspannung wahrscheinlich geworden. Wenn ich aber will, dass Hunde in dieser einen Stunde lernen, dass die Anwesenheit anderer Hunde ertragbar bis nett sein kann, ist eine Schraube, an der ich drehen kann, die Dynamik, die ich versuche, so gering wie möglich zu halten. Ein paar Social Walks später sind dann schnellere Bewegungen und längere Strecken kein Problem mehr.

Ein sehr langsames Tempo hilft den einzelnen …

ENTSPANNUNG DURCH LANGSAMKEIT

Wenn ich meine Kunden dazu anhalte, mit ihrem Hund – ob angeleint oder nicht spielt dabei keine große Rolle – bewusst langsamer zu gehen, bemerken sie plötzlich große Verhaltensveränderungen: Ihr Hund wird ruhiger, entspannter, zufriedener. Plötzlich kann er ausgeglichen, im geruhsamen Tempo seine Bedürfnisse stillen, kann andere Reize beobachten und bewerten, kann die nahe Umgebung erkunden und muss auch nicht dauernd schauen, wo sich seine Bezugsperson aufhält. Hunde, die gelernt haben, gern in der Nähe ihrer Menschen zu bleiben – was ja per se eine gute Eigenschaft ist –, leben aber auch oft in der Sorge, die Bezugsperson könnte sich entfernen und vielleicht plötzlich verschwinden. Deshalb versuchen sie hektisch ihre Bedürfnisse zu erfüllen und gleichzeitig immer wieder aufzuschließen.

Kleine Aufgaben machen Spaß und lasten aus. Das muss nichts Aufwendiges sein.

Regelmäßige Pausen beim Gassigang einzubauen, ist Balsam für die Hunde- und Menschenseele.

... Hunden, in Ruhe anzukommen und sich an andere Hunde, Gerüche und an eine neue Umgebung zu gewöhnen.

Natürlich heißt das nicht, dass du nun ab sofort nur noch durch die Gegend schleichen sollst, weil alles andere für den Hund schädlich sein könnte. Sicher nicht. Aber meine Erfahrung zeigt mir, dass Gassigänge häufig sehr monoton ablaufen und auf Strecke und Geschwindigkeit ausgelegt sind, statt immer mal wieder den Fokus auf die kleinen feinen Dinge zu legen.

DO Die Mischung machts: Wenn du etwas Abwechslung einbauen möchtest, dann wechsle längere Touren mit kürzeren ab. Bleib ruhig mal im Garten oder im Park und dreh eine Minirunde im Schneckentempo. Lass doch deinen Hund mal die Richtung und das Tempo selbst bestimmen, lass ihn nach Herzenslust schnüffeln und Mäuselöcher untersuchen. Solltest du ihn dann zusätzlich noch auslasten wollen – dagegen ist natürlich nichts einzuwenden –, kannst du ihm eine Spur legen, etwas verstecken, eine Handvoll Leckerlis in die Wiese streuen und völlig gechillt beobachten, wie er lernt, seine Nase immer professioneller einzusetzen. Du kannst mit ihm ein paar Alltagstricks draußen üben oder dich einfach eine Weile auf eine Bank setzen, und ihr könnt gemeinsam den Schmetterlingen beim Herumflattern zusehen. All das lastet aus und macht redlich müde. Vielleicht macht dir das sogar auch richtig viel Spaß. Denn am Ende sollte ein Gassigang idealerweise natürlich gemeinsame Qualitätszeit sein und nicht nur zur Bespaßungsveranstaltung für den Hund ausarten.

SPIEL MIT DER DYNAMIK

Egal, was du beim Gassigehen machst, solltest du natürlich auch hier wieder nicht die Geometrie der Körpersprache außer Acht lassen. Es versteht sich von selbst, dass alles, was du unterwegs machst, wie du dich bewegst, wie schnell du gehst, ob du frontal auf den Hund zugehst oder mit ihm läufst, dass all dies Auswirkungen auf sein Wohlbefinden hat. Und auch hier kannst du herumexperimentieren, um deinen Hund, aber auch dich, noch besser kennenzulernen.

Wie wirken deine Bewegungen auf deinen Hund? Was macht er, wenn du auf ihn zu- oder von ihm wegschleichst?

Bo ist etwas angespannt und sehr erleichtert, als sein Frauchen Birgit die seltsame Schleicherei beendet.

MACHE DEN TEST

Du bist einige Meter von deinem Hund entfernt (also nicht unmittelbar vor ihm, denn du willst ihn nicht bedrohen). Jetzt nähere dich ihm mal langsam schleichend an. Was macht er? Bleibt er sitzen oder stehen? Geht er weg? Welche körpersprachlichen Reaktionen siehst du? Achte auf seine Augen, seine Ohren, sein Maul, die Rute etc. Beobachte ihn genau. Du wirst spannende, kleine oder große Reaktionen erkennen, die für dich aufschlussreich sein können, um auf seine Emotionen rückschließen zu können. Jetzt entferne dich von ihm. Schleich dich langsam weg. Oder renne plötzlich los. Kommt er mit? Was macht er? Rennt er dir hinterher?

MACHT DER DYNAMIK

Bei deinen Beobachtungen wirst du garantiert feststellen, welchen Einfluss selbst kleinste deiner Bewegungen haben. Über deine Dynamik kannst du deinen Hund bewegen. Du kannst ihn zum Mitgehen oder -rennen bewegen, du kannst dafür sorgen, dass er stehen bleibt oder sogar zurückweicht oder weggeht. Die Geometrie der Körpersprache wirkt immer, bewusst eingesetzt oder unbewusst angewandt: Du kannst deinen Hund zu dir ziehen, wenn du Raum gibst, oder wegtreiben, wenn du Raum nimmst. Ob du ruhig bist oder hektisch, schnell oder langsam – all das wird sich auch auf deinen Hund übertragen, seinen Charakter formen und sein Verhalten prägen.

Deine Dynamik beeinflusst das Verhalten deines Hundes. Setze sie bewusst ein, um seinen Charakter möglichst stark und mutig zu formen.

KÖRPERSPRACHE BEIM HUND

WICHTIGE BASICS

Es versteht sich von selbst, dass die Signale, die du körpersprachlich sendest, bei deinem Hund Reaktionen, also Verhalten, hervorrufen. Er wird dir mittels seiner Körpersprache antworten und dir wiederum Informationen übermitteln, die dir viel über seine momentane Gefühlslage verraten werden – wenn du dich darauf einlässt und genau hinschaust.
Sich mit der Körpersprache des Hundes zu beschäftigen, um die Funktion, also den Sinn, von Verhalten zu verstehen, um damit vielleicht auf seine momentanen Emotionen rückschließen zu können, ist also eine der Basics, die jede Hundehalterin und jeder Hundehalter beherrschen sollte. Denn nur, wenn du ungefähr erahnen kannst, wie sich dein Hund fühlt, weißt du in der Regel auch, was er als Nächstes tun wird. Du kannst vorausschauend agieren und Situationen so verändern, dass zum Beispiel negative Emotionen gar nicht erst entstehen müssen oder ins Positive umgelenkt werden. Du kannst deinem Hund helfen, neue Strategien zu erlernen, um für ihn schwierige Situationen besser durchzustehen.

SCHAU HIN

In der Praxis ist es leider so, dass die Körpersprache des Hundes immer noch sehr häufig im Detail nicht gesehen wird und dass das, was gesehen wird, nicht selten vollkommen missinterpretiert wird, womit man den Hunden keinen Gefallen tut. Auf diese Weise entstehen viele ungute Situationen, die das Mensch-Hund-Verhältnis unnötigerweise belasten können.
Um also ein besseres Verständnis für das Ausdrucksverhalten des Hundes zu bekommen, ist es gut zu wissen, dass bei der Körpersprache Hund die gleichen Tendenzen wie bei der Körpersprache Mensch gelten. Im Kapitel „Die Geometrie der Körpersprache" habe ich bereits ausführlich die nach hinten/unten- und die nach vorne/oben-Regeln beschrieben. Du kannst sie definitiv auch auf den Hund übertragen.

Hund-Hund-Kommunikation: subtil, fein und oft zu schnell für das menschliche Auge.

AUSDRUCKSVERHALTEN
— von Hunden

01

02

03

04

05

01 – 05 Fünf Hunde – fünf Körpersprachen. Es ist nicht immer einfach, alle Signale zu sehen. Deshalb interpretieren wir Verhalten und Emotionen häufig falsch.

01

02

03

04

05

01 – 05 Alle Hunde sitzen, und doch zeigen sie unterschiedliche Körpersprach-Displays, die auf unterschiedliche Emotionen rückschließen lassen.

01

02

03

04

NEUTRALE BESCHREIBUNG

Zugegeben: Die hundliche Körpersprache ist ein komplexes Thema, und es kann auch eine Weile dauern, bis man sich hier einigermaßen zurechtfindet.
Als Einstieg lohnt es sich daher, zu versuchen, das Verhalten des Hundes zunächst vollkommen neutral zu beschreiben, ohne zu werten und ohne zu interpretieren. Denn in dem Moment, in dem wir vielleicht vorschnell interpretieren, schließen wir automatisch eine Reihe von anderen potenziellen Erklärungen aus – und entfernen uns möglicherweise von der Wahrheit, was meistens bedeutet, dass wir den Hunden Unrecht tun.

DIE KUNST DER WERTFREIEN BEOBACHTUNG

Genau zu beobachten und wertfrei zu beschreiben ist eine echte Kunst. Zu oft schleichen sich in unseren Beobachtungen interpretierende Attribute ein, und schon landen wir wieder in der berühmten Schublade der Vorurteile.
Deshalb möchte ich dir ein Beispiel einer neutralen Beobachtung mit auf den Weg geben, damit du eine Idee davon bekommst, was genau ich eigentlich meine. In kursiver Schrift siehst du typische wertende oder interpretierende Einschübe, die deine Einschätzung in die falsche Richtung lenken können, weshalb du versuchen solltest, sie wegzulassen:

05 *Einzelne Körperteile zeigen Ausdrucksverhalten und senden Signale. Welche?*

- Die Ohren sind *aufmerksam / drohend* nach vorne/oben gerichtet.
- Der Körperschwerpunkt ist *imponierend* in Richtung Vorderbeine verlagert.
- Der Körper ist *dominant* aufgerichtet. *Der macht auf dicke Hose.*
- Drei Beine sind durchgedrückt. Ein Vorderbein ist leicht angehoben. *Der steht vor / der jagt.*
- Das Maul ist *angespannt / konzentriert / unfreundlich* geschlossen. Keine Zähne sind sichtbar.
- Die Maulspalte ist *bedrohlich* kurz.
- Der Nasenrücken ist *entspannt* glatt.
- Die Augen schauen *böse / streng / konzentriert* nach vorne.
- Der Blick ist konstant *hart / fixierend / bohrend* auf einen Reiz gerichtet.
- Die Pupillen sind geweitet. Die Augen *angstvoll* weit aufgerissen.
- Die Nackenhaare sind *absichtlich* aufgestellt. *Er will größer erscheinen.*
- Die Rute steht über der Rückenlinie steil nach oben. *Der Hund ist aufmerksam / aufgeregt / bedrohend / dominant.*
- Die Schwanzspitze bewegt sich *aufgeregt / freudig / drohend* in hoher Frequenz nach rechts und links. *Der will nur spielen.*

MERKE
Beobachte, beobachte, beobachte. Dann erst beschreibe wertfrei, was du siehst.

GEDANKEN WERDEN WORTE UND TATEN

Du merkst an diesem Beispiel schon, welchen Einfluss wertende Vokabeln auf deine Gedanken haben können. Sie beeinflussen die Richtung deiner Interpretationen und letztlich auch dein Handeln. Denn wenn du der Meinung bist, dass dein Hund gerade jagen möchte oder jemanden bedroht oder, im Gegenteil, freundlich gestimmt ist, weil „seine Rute fröhlich wedelt", wirst du entsprechend unterschiedlich agieren. Du kannst also zu sehr unterschiedlichen Lösungen kommen.

Beobachte deinen Hund und sammle so viele Daten wie möglich.

Es ist wichtig zu erkennen, ob sich dein Hund in der Interaktion mit anderen Hunden wirklich wohl fühlt oder nicht.

Lakis und Marlas wildes Spiel wird immer frontaler, steiler und aufgeregter. Zeit, eine kleine Pause einzulegen.

AUFGABE

Übe dich immer wieder in wertfreier Beobachtung einzelner Körperteile und sammle so viele Daten wie möglich. Dann wende die Geometrie der Körpersprache an.
Gehen die Bewegungen der verschiedenen Körperteile des Hundes eher nach vorne/oben oder nach hinten/unten? Oder sogar beides? Sind seine Bewegungen einladend oder ausladend? Defensiv oder offensiv? Beobachte, was nach dem Verhalten passiert. Welches Verhalten folgt dem vorherigen? Auf diese Weise lernst du mit der Zeit, das Verhalten deines Hundes vorherzusehen. Das wiederum wird dir helfen, vorausschauender zu agieren und Verhalten, wenn nötig, positiv zu beeinflussen.

EMOTIONEN HINTER VERHALTEN

Hinter jedem Verhalten steckt immer eine Emotion. Immer. Emotionen sind unser aller Antrieb. Diese Emotionen zu erkennen ist für deine enge, vertrauensbasierte Beziehung zu deinem Hund natürlich sehr wichtig. Hat er gerade Freude? Oder Angst? Ist er wütend? Traurig? In Spiellaune? So zum Beispiel kommt es bei vielen Interaktionen unter Hunden zur typischen Fehleinschätzung „Der will nur spielen". Würde ich aber erkennen können, dass sich mein Hund im vermeintlichen „Spiel" unwohl fühlt und eigentlich nur auf der Flucht ist oder in einer verteidigenden, abwehrenden Haltung, würde ich ganz anders agieren, als wenn ich wüsste, dass sich die Hunde tatsächlich in einem ausgeglichenen, freudvollen Spiel befinden. Im ersten Fall würde ich die Interaktion abbrechen und meinem Hund damit helfen, friedlich aus einer für ihn schwierig zu lösenden Situation auszusteigen. Im zweiten Fall würde ich zuschauen und mich an der tollen Kommunikation erfreuen.

EMOTIONSSYSTEME

Neugier/Freude, Angst, Wut/Ärger, Spiel, Fortpflanzung, Fürsorge, Panik/Trauer: All das bewegt auch unsere Hunde, im wahrsten Sinne des Wortes – das Erkennen bleibt für uns jedoch eine herausfordernde Aufgabe. Wir wissen ja nicht einmal immer, was uns Menschen zu manchen Handlungen antreibt.

DOMINANZ WAR GESTERN

Eine Antwort jedenfalls in Bezug auf Hundeverhalten gilt definitiv nicht mehr: „Der macht das, weil er dominant ist." Dafür wissen wir heute einfach zu viel, um mit dieser ausgesprochen bequemen „Antwort auf alle Fragen" noch punkten zu können. So einfach ist es leider nicht. Heute findest du diese verstaubte Antwort aus dem Reich der Mythen und Ammenmärchen genau dort, wo diese auch noch verbreitet werden. Und wo lerntheoretisches, verhaltensbiologisches und neurologisches Wissen endet.

SERVICE

LINKS UND LITERATUR

NÜTZLICHE LINKS ZUM STÖBERN

hey-fiffi.com

ibh-hundeschulen.de/hundeschulen/deutschland.html

meinherzbellt.de

sprichhund.de

LESENSWERTE BÜCHER RUND UM DEN HUND

Fiedler, Anja: **Jagdverhalten – verstehen, kontrollieren, ausgleichen;** KOSMOS, 2019

Handelman, Barbara: **Hundeverhalten:** Mimik, Körpersprache und Verständigung, mit über 800 ausdrucksstarken Fotos; KOSMOS, 2010

Hoffmann, Carolin: **Was braucht mein Hund?** Die wichtigsten Fragen und Antworten rund um den Alltag mit Hund; KOSMOS 2022

Krauß, Katja und Maue, Gabi: **Emotionen bei Hunden sehen lernen.** Eine Blickschule. Kynos Verlag, 2020

Meiburg, Sonja: **Lass das!** Hunden freundlich Grenzen setzen; KOSMOS, 2021

Meiburg, Sonja: **Raketenstart-Rückruf;** Der erfolgreiche Weg zum sicheren Abruf, KOSMOS, 2022

Rosengrün, Anne: **Eins, zwei, drei… ganz viele: Mehrhundehaltung mit positiver Bestärkung;** Kynos Verlag, 2016

Seumel, Ulrike: **Markertraining für Hunde;** Auf Augenhöhe zum glücklichen und kooperativen Hund, KOSMOS, 2020

Theby, Viviane: **Verstärker verstehen: Über den Einsatz von Belohnung im Hundetraining;** Kynos Verlag, 5. Edition, 2018

BILDNACHWEIS

Alle Farbfotos stammen von Anna Auerbach/Kosmos und wurden exklusiv für dieses Buch erstellt. Die Grafiken auf Seite 15 und 17 erstellte Frieder Krohmer/Altelier Krohmer.

IMPRESSUM

Umschlaggestaltung von Claudia Eder, Konzept und Gestaltung, unter Verwendung eines Farbfotos von Anna Auerbach/KOSMOS. Alle Fotos der Umschlagklappen von Anna Auerbach/KOSMOS.

Mit 181 Farbfotos und 2 Farbgrafiken.

Alle Angaben in diesem Buch erfolgen nach bestem Wissen und Gewissen. Sorgfalt bei der Umsetzung ist indes dennoch geboten. Der Verlag und die Autorin übernehmen keinerlei Haftung für Personen-, Sach- oder Vermögensschäden, die aus der Anwendung der vorgestellten Materialien und Methoden entstehen könnten. Auch wenn sich dieses Buch direkt an die Kinder wendet, sind die Erziehungsberechtigen ihrer Aufsichtspflicht nicht enthoben.

Unser gesamtes Programm finden Sie unter **kosmos.de**.
Über Neuigkeiten informieren Sie regelmäßig unsere Newsletter, einfach anmelden unter **kosmos.de/newsletter**

Gedruckt auf chlorfrei gebleichtem Papier

Pfizerstraße 5 – 7, 70184 Stuttgart
kosmos.de/servicecenter

ISBN 978-3-440-17870-6
Redaktion: Katja Pauls
Gestaltungskonzept: Peter Schmidt Group GmbH, Hamburg
Gestaltung und Satz: Atelier Krohmer, Dettingen/Erms
Produktion: Angela List
Druck und Bindung: Westermann Druck Zwickau GmbH, Zwickau
Printed in Germany / Imprimé en Allemagne

FSC
www.fsc.org
MIX
Papier | Fördert gute Waldnutzung
FSC® C110508